確率論
講義ノート
場合の数から確率微分方程式まで

大平 徹 著

probability theory

森北出版株式会社

●本書のサポート情報を当社Webサイトに掲載する場合があります．下記のURLにアクセスし，サポートの案内をご覧ください．

https://www.morikita.co.jp/support/

●本書の内容に関するご質問は，森北出版 出版部「(書名を明記)」係宛に書面にて，もしくは下記のe-mailアドレスまでお願いします．なお，電話でのご質問には応じかねますので，あらかじめご了承ください．

editor@morikita.co.jp

●本書により得られた情報の使用から生じるいかなる損害についても，当社および本書の著者は責任を負わないものとします．

■本書に記載している製品名，商標および登録商標は，各権利者に帰属します．

■本書を無断で複写複製（電子化を含む）することは，著作権法上での例外を除き，禁じられています．複写される場合は，そのつど事前に(一社)出版者著作権管理機構（電話03-5244-5088, FAX03-5244-5089, e-mail：info@jcopy.or.jp）の許諾を得てください．また本書を代行業者等の第三者に依頼してスキャンやデジタル化することは，たとえ個人や家庭内での利用であっても一切認められておりません．

はじめに

　「確率」は日常用語である一方，数学の一分野でもあり，基本的な場合については小学生でもふれることがある．確率の概念の起源は必ずしも明確ではないが，サイコロの原型のようなものは紀元前から存在したとされ，賭博や政策の決定などにも古くから使われてきた．遅くとも 16 世紀には，古典的な確率の概念は固まっていたようである．しかし，本格的に数学としての基礎が整ったのは 20 世紀になってからと，比較的近年である．確率は，それまでに整えられてきた測度論，集合論，解析学など数学のほかの分野の知識を幅広く使うため，実はかなり高度で現代的な数学分野である．また，20 世紀以降の急速な発展を受けて，大学の図書館や書店には，多くの良書や優れた教科書がずらりと並んでいる．

　さらに，最近のビッグデータなど統計学への関心と相まってか，学生の皆さんの確率に対する関心は高い．確率が業務で使われる分野も数理物理系だけでなく，経済，心理学，社会学，医療などどんどん幅広くなっている．しかし，多くの学生の皆さんにとって，数学科の講義では専門的かつ高度すぎる．かといって，ほかの学科ではまとまった確率の講義をなかなか用意できない．筆者も数年間に渡り，各年 250 名程度のさまざまな専攻より集まった学生の皆さんへの講義を行ったが，このような大講義になったのも，そのような状況の反映であるかと思う．

　本書は，このような背景のなかでの出版であり，東京大学と名古屋大学で行ってきた，上記で述べた学部 2〜3 年生向けの「確率論の初歩」の講義のノートから作成したものである．具体的には，いわゆる高校までの順列や組合せに基づく「古典的なアプローチ」によって，幅広い分野の方々へ確率を学ぶきっかけを提供する入門書である．数学はもとより，理系でない読者も想定して，トピックにも少し幅をもたせるため，いくつかの教科書を参考にしながら，その内容を解説する文字どおり講義ノートの側面が強い．筆者は，より社会一般向けの啓蒙書（『「ゆらぎ」と「遅れ」：不確実さの数理学』，新潮選書（2015））も上梓しているが，本書では，それよりは一歩数理に踏み込む一方，数学の教科書のような高度さや精密さはもちあわせない中間のレベルを目指している．そのため，とくに，下記のいくつかの点を心がけた．

1. 読み物として

　数学では，良書になればなるほど，数式の正確さなどにとどまらず，定義や言葉の選択にも細心の注意が払われていて，文字どおり一字一句をていねいに解読していく

困難も楽しみもある．しかし，数学や数理科学を専門とする方々以外には，「定理 – 証明」スタイルで展開されるそのような教科書は敷居が高い．本書では，数学的な厳密さはだいぶ犠牲にしているが，感覚的な理解を得てもらうため，とくに，前半部分では読み流しやすいことに努めた．そのため，文章の量はやや多いが，解読というよりは，多少不明なところがあっても読み進んでいただければと思う．

2. 数値の計算

筆者が物理の出身であるということもあるが，確率論関係で興味深いのは，形式よりも「意外な数値」が現れることである．実際に，具体的な確率の問題を解いてみるとき，予想よりも大きな数字や小さな数字が出ることも多々あり，驚かされる．また，現場で確率を使うとなれば，いまやパソコンでコマンド一つを打つだけであっても，数字が打ち出せることは必要である．本書では，いくつか計算機を使う例題や問題も用意した．読みとばしてもらってもさしつかえないが，読者にもいくつかの「意外な数値」を楽しみながら読んでいただければと思う．

3. 導入と発展

この本の前半 8 章までは，確率を教養として学ぶという読者を想定して書いた「導入部」であり，だいたいこれくらいの概念や計算ができれば，確率に関してはある程度の知識ある社会人として，実用にも資するかと思う．それ以降の後半部分は，金融商品の開発や研究者など，もう少し専門的に確率を必要とする方が最初のとりかかりとするための基本的なトピックを並べたので，相互に関連はあるが，章ごとに独立性は高く，つまみ読みをしてもらえる．こちらも数学的にはだいぶ粗いレベルで記述しているが，それぞれのトピックを専門書で学ぶための感覚的な土台はつくっていただけるのではないかと願っている．

上記のように，この本は啓蒙書と数学の教科書の間を目指しているので，単体で読んでいただいてもよいが，読者の目的とされるレベルに合わせて，啓蒙書もしくは，筆者が参考にしたような教科書とあわせて読んでいただくのも有効かと思う．そのため，各章の始めには，その章を書くのに中心的に参考にした文献を記した．また，下記には各章のおもな関係を図示した．限られた時間の講義などでは，参考にしていただけると考える．筆者自身が確率論を体系立てて学んだものではなく，力量不足は否めないが，個人的には，a student of Mathematics and Physics として，古典から量子まで，確率に関する話は面白さと興味が尽きない．読者の方々にも，確率論の「気持ち」とあわせて，その楽しさを伝えられればと思う．

2017 年 1 月

著 者

はじめに iii

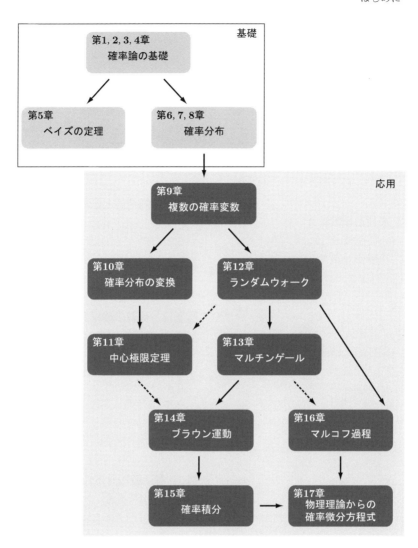

各章のおもな関係を示した図
⟶ は強い関係，┄┄▶ はやや弱い関係を示す．

目 次

第1章 確率論へのアプローチ　1
- 1.1 古典的アプローチ ………… 1
- 1.2 統計的アプローチ ………… 2
- 1.3 公理的アプローチ ………… 3
- 1.4 本書における確率 ………… 4

第2章 順列と組合せ　5
- 2.1 順列と組合せ ……………… 5
- 2.2 多項係数とスターリングの公式 …………………………… 9
- 2.3 場合の数から確率へ ……… 11
- 2.4 最尤推定 …………………… 14

第3章 条件付き確率　16
- 3.1 条件付き確率と同時確率 … 16
- 3.2 条件付き確率の性質 ……… 19
- 3.3 条件付き確率と状況変化 … 22

第4章 確率的な独立　26
- 4.1 確率的な独立 ……………… 26
- 4.2 確率的な独立の性質 ……… 27

第5章 ベイズの定理　31
- 5.1 ベイズの定理の導出 ……… 31
- 5.2 ベイズの定理の一般化 …… 34
- 5.3 ベイズの定理と「意外な」確率 … 35

第6章 確率変数と確率分布　38
- 6.1 確率変数 …………………… 38
- 6.2 確率分布と確率密度関数 … 41
- 6.3 累積分布関数 ……………… 44

第7章 確率分布の実例と性質　47
- 7.1 離散的な確率分布 ………… 47
- 7.2 連続的な確率分布 ………… 50
- 7.3 複数の確率変数と分布 …… 55

第8章 期待値と分散　62
- 8.1 期待値と分散 ……………… 62
- 8.2 確率変数の規格化 ………… 64
- 8.3 チェビシェフの不等式とマルコフの不等式 ……………… 65

第9章 複数の確率変数　68
- 9.1 期待値 ……………………… 68
- 9.2 分散 ………………………… 70
- 9.3 共分散 ……………………… 70
- 9.4 相関係数 …………………… 72
- 9.5 多変数の場合 ……………… 72
- 9.6 独立の場合 ………………… 73
- 9.7 条件付き期待値 …………… 74

第10章 確率分布の変換　79
- 10.1 特性関数 …………………… 79
- 10.2 モーメント ………………… 83
- 10.3 キュムラント ……………… 85

第11章 中心極限定理　88
- 11.1 確率変数の収束 …………… 88
- 11.2 大数の（弱）法則 ………… 90
- 11.3 法則収束について ………… 92
- 11.4 中心極限定理 ……………… 94

第12章 ランダムウォーク　100
- 12.1 単純ランダムウォーク　100

12.2	ランダムウォークの「道」表現 …………………… 103	
12.3	投票の問題と初到達時間の問題 …………………… 105	
12.4	原点への復帰の問題 … 107	
12.5	逆正弦定理 ………… 110	
12.6	対称単純ランダムウォークの拡張 …………… 114	

第13章 マルチンゲール 118
- 13.1 マルチンゲール ……… 118
- 13.2 ランダムウォークによるマルチンゲール表現定理 … 121
- 13.3 離散伊藤公式 ………… 122
- 13.4 ドゥーブ–メイヤー分解 123

第14章 ブラウン運動 126
- 14.1 ランダムウォークからブラウン運動へ …………… 126
- 14.2 ブラウン運動の性質 … 128
- 14.3 ブラウン運動とマルチンゲール …………………… 129

第15章 確率積分と伊藤の公式 132
- 15.1 確率積分 …………… 132
- 15.2 伊藤過程 …………… 136
- 15.3 確率微分方程式 …… 139

第16章 マルコフ過程 143
- 16.1 マルコフ過程 ………… 143
- 16.2 マルコフチェーン …… 144
- 16.3 チャップマン–コルモゴロフの方程式とマスター方程式 150
- 16.4 ワンステップ過程 …… 155

第17章 物理理論からの確率微分方程式 159
- 17.1 自由ブラウン運動 …… 159
- 17.2 ランジュバン方程式 … 160
- 17.3 拡散方程式 ………… 164
- 17.4 フォッカー–プランク方程式 …………………… 165

付　録 168
- A.1 フーリエ変換 ………… 168
- A.2 ガウス積分 ………… 168
- A.3 確率密度関数と特性関数の対応 …………………… 169
- A.4 モンティ・ホール問題 169
- A.5 確率変数の和，積，商の確率密度関数 ………… 171
- A.6 二つの確率変数が無相関であるが独立でない例 ……… 172
- A.7 フォッカー–プランク方程式の導出 ……………… 173

章末問題解答例 ……………… 175
参考文献 ………… 191
おわりに ………… 192
索　引 ………… 193

ギリシャ文字一覧

大文字	小文字	読み方
A	α	アルファ
B	β	ベータ
Γ	γ	ガンマ
Δ	δ	デルタ
E	ϵ, ε	イプシロン
Z	ζ	ゼータ
H	η	イータ
Θ	θ	シータ
I	ι	イオタ
K	κ	カッパ
Λ	λ	ラムダ
M	μ	ミュー
N	ν	ニュー
Ξ	ξ	グザイ
O	o	オミクロン
Π	π	パイ
P	ρ	ロー
Σ	σ	シグマ
T	τ	タウ
Υ	υ	ウプシロン
Φ	φ, ϕ	ファイ
X	χ	カイ
Ψ	ψ	プサイ
Ω	ω	オメガ

1 確率論へのアプローチ

　確率という概念は長い歴史をもってはいるが，数学的に精緻なアプローチが整ったのは 20 世紀に入ってからと，比較的近年である．それゆえ，集合論，解析学など，さまざまな数学の要素が盛り込まれていて，現在でも高度な数学の一分野として，発展し続けている．一方，その長い歴史のなかで，より一般の人にも親しみやすい確率に対するアプローチも使われてきた．ここでは，いくつかのアプローチについて簡単に述べよう．（参考文献：[7, 11]）

1.1 古典的アプローチ

　古典的アプローチは，場合の数と組合せを使って確率を表現する方法である．われわれが中学校や高校で学ぶような確率の計算は，このアプローチが使われていることが多い．まず，基礎となる「舞台」として，ある同じ確からしさで，同時に起きることのない基本的なイベント（根元事象）の集まりが存在することが必要である．そして，この舞台の上では，さまざまなイベントが起きるが，これらのイベントは皆，この根元事象の組合せ（複合）によって得られ，これを**事象**[†]とよぶ．

　舞台とその上でのあるイベント（事象 A）が決まれば，これがある状況で起きる確率は，その事象 A が起きる場合の数が状況全体の場合の数のなかで占める割合とする．この考え方の基礎には，上に述べた根元事象の
・同じ確からしさ（**等重率**）
・同時に起きることがないという性質（**排反性**）
が存在していることに注意してほしい．

　たとえば，異なる三つのコインを投げて，そのうちの二つが表となる確率を求めるとする．このとき，事象 A は「表が二つとなること」，状況全体は「三つのコインの表裏の出方」である．よって，この確率を「表が二つとなる場合の数」と「三つのコインのすべての組合せの場合の数」の比で表現するのである．前者は 3 通り，後者は 8 通りであるので，確率は 3/8 とするのである．

　ここで，やはり重要なのは，問題のなかには明示的に現れていないが，偏りのない

[†] 複合事象もしくは偶然事象ともよぶ．

コインであれば同じ確からしさで表裏が出るので，三つのコインの表裏のすべての組合せの場合の数は，
・すべて等しい確からしさで起きる
・表裏が同時に出ることはない
という仮定が成り立つということである．このように，何らかの理由や主観によって，対象事象を構成している排反な根元事象の起きる確率は与えられていて，確率どうしの「変換」をして対象事象の確率を求めるのである．そして，この「変換」のあり方をみつけることが，通常の確率の問題として解決すべき点なのである．

この観点からすると，上にあげた三つのコインの例は，根元事象に関する仮定が示されていなければ，変換のもととなる確率が存在しないので，厳密には確率の問題として成立していないことになる．もし，三つのなかの一つのコインの表裏の出る確率に偏りがあれば，同じ問題に対して違う確率が得られることは明らかであろう．「表裏の出る確率が等しい三つの異なるコインを投げて，表裏のどちらかが出たとき，二つのコインが表となる確率を求めよ」としたときに，問題として成立し，確率は 3/8 と求められるのである．

このように，往々にして，根元事象に関する仮定は明示されないが，コインやサイコロ投げの問題などでは，根元事象の起きる確率は同じ，つまり同様に確からしいとしていることが多い．しかし，これはあくまでも仮定であるので，理想化や主観的であることもある．それゆえ，この古典的なアプローチは「主観的アプローチ」ともいわれる．

1.2 統計的アプローチ

統計的アプローチは，確率を実験的な基礎の上に考える方法である．具体的には，ある事象 A がある特定の状況で起きる確率を，その状況の試行を繰り返すなかで事象 A が起きる回数の割合，すなわち「頻度」として定義するのである．当然，試行の数が変われば，事象 A が起きる頻度も変化する．しかし，さまざまな自然現象や社会現象においては，試行の数が十分大きければ，このようにして定義される頻度は，ある値に近づいていくことが多い．このような場合は，「頻度の統計的な安定性が成り立っている」とされる．そしてそのときに，この頻度を事象 A が起きる確率として扱うのである．実験や観察事実などを用いて確率を考えるので，このアプローチは「客観的アプローチ」ともよばれる．

確率論に貢献のあるビュフォン，ド・モルガン，フェラーなどの高名な数学者たちは，自らコイン投げの実験を行い，数千から数万の試行のなかで，「表」の出る頻度が

表 1.1　コイン投げ実験の結果

名前	コイン投げの回数	表の出た頻度（割合）
ビュフォン	4040	0.507
ド・モルガン	4092	0.5005
ジェボンス	20480	0.5068
ロマノフスキー	80640	0.4923
ピアソン	24000	0.5005
フェラー	10000	0.4979

0.5 に近いことを確認している（表 1.1 参照）．現実においてもコインの均質性があれば，この頻度を確率とすることも，主観的アプローチによる確率の概念と整合することを裏付けているのである．

1.3　公理的アプローチ

公理的アプローチは，1933 年にコルモゴロフによって提案された．そして，これにより確率論が現代数学の一分野として発展する基礎ができた．

このアプローチにおける確率とは，ある状況や実験が与えられたときに，そこで決まるすべての集合の上で定義される数値関数 $P(A)$ であり，$P(A)$ が満たすべき性質を，最小限の公理として以下のように提示する．

(i)　$0 \leq P(A) \leq 1$

(ii)　A が確実に起きる事象であれば，$P(A) = 1$ である．

(iii)　もし，事象 A, B が同時に起きることがなければ，$P(A \cup B) = P(A) + P(B)$ である（$A \cup B$ は「A または B が起きる」の意味）．

上記は，われわれが通常もっている確率に関する性質を述べたにすぎないようにみえるかもしれないが，この公理を出発点として確率論の世界は構築されている．なお，上記は簡略化されており，数学的には，まず「事象」が考察される必要がある．

ややわかりにくいかもしれないが，むやみな集合に関して確率が定義できるわけではなく，実際には，ある集合が与えられたとき，その部分集合において，確率が定義できるもの（可測）とそうでないものに区別される．そして，事象は可測なものを対象にする．また，(iii) については，二つの事象についての性質から無限個の事象に拡張される† ことが，数学としては重要である．

---

† 無限個のたがいに同時に起きることがない（排反な）事象 $A_1, A_2, A_3, \ldots$ において，つぎのようになる．
$$P\left(\bigcup_{i=1}^{\infty} A_i\right) = \sum_{i=1}^{\infty} P(A_i)$$

粗い考え方としては，確率は集合の上に用意する「長さ」や「面積」などの「大きさを測る物差し」であるともいえる．そのような測る物差しを「測度」という概念で表し，測度は現代数学としての確率論の基礎となっている．しかし，本書では，この公理的なアプローチは使わないので，これ以上はふれない．測度については，大学レベルの数学の確率論の教科書に書かれているので，そちらをご覧いただければと思う．

1.4　本書における確率

本書においては古典的なアプローチを中心に確率を議論する．確率の定義を確認すると，全事象 Ω の根元事象がすべて同様に確からしいとき，つぎのようになる．

$$\text{事象 } A \text{ が起きる確率} = \frac{\text{事象 } A \text{ が起きる場合の数}}{\text{起こりうるすべての場合の数}}$$

以降では事象 A が起きる確率を $P(A)$ と表す．

なお，1.1 節でとりあげた三つのコイン投げの例でも議論したが，たとえばコインごとに表裏の出る確率が等しくないような場合は上記の基本形にあてはまらない．このときも場合の数の計算は必要かつ重要である．次章ではその基本について紹介する．

2 順列と組合せ

　前章で述べたように，本書では，中学校や高校で習うような古典的アプローチで話を進めていく．その際に重要になるのは，「根元事象とその確率をどのように与えるか」と「場合の数をどのように計算するか」である．この二つのポイントは重要であるにもかかわらず，検証が甘くなることがあり，問題によっては大きな間違いにつながる．この章では，まず，場合の数の計算の基礎になる順列と組合せについて述べていこう．すでにご存知の読者も多々いるかと思うが，復習がてら眺めていただければと思う．（参考文献：[7, 11, 17]）

2.1　順列と組合せ

　順列と組合せの概念は簡単なように見受けられるが，実際に計算をするときには混同したり，意外と込み入ったりすることもある．基本的には，「与えられた要素のなかから，いくつかをとり出す」ということである．しかし，「順番を考慮する」，「重複を許す」という二つの条件を課すかどうかで，4種類の場合があり，違う結果をもたらすことに注意してほしい．実際に問題の計算にとりかかるときには，このなかからどれを使うのかを吟味する必要がある．

2.1.1　順列

　順列は，重複を許さないでとり出した要素を，順番を考慮して一列に並べた場合の数である．確率論では，壺や箱のなかから玉をとり出すという物理描写をよく使うので，ここでもそれに従う．N 個の要素から M 個をとり出すときの順列 ${}_N\mathrm{P}_M$ は「一度とり出した玉は壺に戻さないとしたとき，N 個の区別できる玉の入った壺から，M 個の玉を一つずつとり出して，一列に並べた場合の数」である．最初の注意書きは同じ玉を何度もとり出さないこと，すなわち重複を許さないことに対応する．また，「区別できる」（たとえば，それぞれの玉に背番号が書いてある）というのも，同じ M 個の玉をとり出しても，並べる順番が違えば，違う場合として考えるという観点から重要である（ちなみに，量子力学では，原理的に区別できない粒子を扱うことが多く，理論の理解を難しくしている．また，2.1.2 項，2.1.4 項でも述べるが，「区別できない」

というときには，少し注意が必要である）．

この順列は下記の式で与えられる．

$$_N\mathrm{P}_M = \frac{N!}{(N-M)!} \tag{2.1}$$

ここで出てくる $N!$ は，N の階乗であり，1 から N までの整数を掛けあわせたものである．

例題 2.1 ◆ 8 個から 3 個をとり出す順列，$_8\mathrm{P}_3$ を求めよ．
解答 ◆ 上記の公式 (2.1) を使えば，$_8\mathrm{P}_3 = 8 \times 7 \times 6 = 336$ となる．

2.1.2 重複順列

つぎに，順列であるが重複を許す場合の数について考える．それは，「N 個の区別できる玉の入った壺から重複を許して[†]，M 個を一つずつとり出して一列に並べたときの場合の数」であり，$_N\Pi_M$ と表記されることが多い．これは

$$_N\Pi_M = N^M \tag{2.2}$$

として計算できる．

例題 2.2 ◆ 8 個から 3 個をとり出す重複順列，$_8\Pi_3$ を求めよ．
解答 ◆ 上記の公式 (2.2) を使えば，$_8\Pi_3 = 8^3 = 512$ となる．

2.1.3 組合せ

組合せは，とり出した要素において順番を考慮しない場合の数である．つまり，N 個の要素から M 個をとり出すときの組合せ $_N\mathrm{C}_M$ は「一度とり出した玉は壺に戻さないとしたとき，N 個の区別できる玉の入った壺から，M 個を一つずつとり出す場合の数」である．とり出された玉の集まりが同じであれば，それは一つの場合として数えられる．これは，順列からとり出した M 個を一列に並べたときの順番の違いをなくすので，組合せの式は，順列を M 個を一列に並べる場合の数で割った下記の式で与えられる．

$$_N\mathrm{C}_M = \frac{_N\mathrm{P}_M}{M!} = \frac{N!}{(N-M)!M!} \tag{2.3}$$

別のいい方をすれば，組合せ $_N\mathrm{C}_M$ に M 個を一列に並べる場合の数である $M!$ を掛ければ，順列 $_N\mathrm{P}_M$ が得られるのである．なお，組合せを表現するのに，下記の表

[†] ここでは，一つとり出すごとに，とり出した玉と同じ玉を壺に戻すことに対応する．

記もよく使われる（なお，≡ は「定義する」という意味での同等を示す）．

$$_N\mathrm{C}_M \equiv \left(\begin{array}{c} N \\ M \end{array} \right)$$

例題 2.3 ◆ 8個から3個をとり出す組合せ，$_8\mathrm{C}_3$ を求めよ．

解答 ◆ 上記の公式 (2.3) を使えば，$_8\mathrm{C}_3 = {}_8\mathrm{P}_3/3! = 336/6 = 56$ となる．

例 2.1 ◆ それぞれ区別できない a 個の赤玉，b 個の黒玉を一列に並べる並べ方の場合の数を求める（a, b は正の整数とする）．

この文章を解読すると，まず，赤か黒ということ以外，区別できない玉であるが，一列に並べれば，先頭から背番号をつけることができる．そこで，まず $a+b$ 個の黒玉を用意してこれらを一列に並べ，先頭から背番号をつけて区別できるようにする．そして，壺に入れてよく混ぜる．このなかから無作為に a 個の玉をとり出して，それを背番号を消さないようにしながら赤く塗り，また壺からすべての玉をとり出して，一列に背番号順に並べる．すると，一列に並べる場合の数は，区別できる $a+b$ 個のなかから a 個をとり出す組合せの数と同じとなるので，下記によって与えられる．

$$_{a+b}\mathrm{C}_a = \left(\begin{array}{c} a+b \\ a \end{array} \right) = \frac{(a+b)!}{a!b!} \tag{2.4}$$

別の見方をすれば，$a+b$ 個の場所から，a 個の赤玉を置く場所（もしくは，b 個の黒玉を置く場所）を選ぶ場合の数ともいえる．さらに，別の解釈では，区別できる $a+b$ 個の玉を一列に並べる場合の数 $(a+b)!$ を，赤と黒のそれぞれで区別できないようにするために，それぞれでの並び方を無視するので，並び方の場合の数である $a!$ と $b!$ で割ることで得られる場合の数ともいえる．したがって，つぎのようになる．

$$_{a+b}\mathrm{C}_a = {}_{a+b}\mathrm{C}_b = \frac{(a+b)!}{a!b!} \tag{2.5}$$

2.1.4 重複組合せ

つぎに，重複を許す場合の組合せについて考える．壺の話で述べれば，「N 個の区別できる玉の入った壺から，重複を許して M 個を一つずつとり出すときの場合の数」である．これはよく $_N\mathrm{H}_M$ と表記される．残念ながら，これは重複順列を $M!$ で割った数としては表現できない．少し考える必要があるが，これは重複のない組合せであ

る「一度とり出した玉は壺に戻さないとしたとき，$N+M-1$ 個の区別できる玉の入った壺から，M 個を一つずつとり出すときの場合の数」，つまり $_{N+M-1}\mathrm{C}_M$ と同じであることが示せる（例 2.2 で理由を述べる）．

よって，
$$_N\mathrm{H}_M = {_{N+M-1}\mathrm{C}_M} = \frac{(N+M-1)!}{(N-1)!M!} \tag{2.6}$$

という式で与えられる．

例題 2.4 ◆ 8 個から 3 個をとり出す重複組合せ，$_8\mathrm{H}_3$ を求めよ．

解答 ◆ 上記の公式 (2.6) を使えば，$_8\mathrm{H}_3 = {_{8+3-1}\mathrm{C}_3} = {_{10}\mathrm{C}_3} = 120$ となる．

例 2.2 ◆ k 個の区別できる箱に，n 個の区別できない玉を入れる方法の場合の数を求める．ただし，k, n は正の整数で，一つも玉が入らない箱があってもよいとする．

この問題は，まず k 個の箱を隣どうしに並べて，区別できるように，右から番号をつける（図 2.1 参照）．このなかに玉を入れていくのだが，たとえば，図 2.1 のような場合はつぎのようになる．

(壁), 玉, 玉, 壁, 玉, 壁, 壁, . . . , 壁, 玉, 玉, 玉, 壁, 玉, 玉, (壁)

図 2.1 玉を箱に入れる例

ここで，「壁」を赤玉にして，「玉」を黒く塗れば，上記の例 2.1 と同じになる．つまり，$a = k-1$，$b = n$ として，考えることができる．

よって，求める場合の数はつぎのようになる．

$$_{n+k-1}\mathrm{C}_{k-1} = \begin{pmatrix} n+k-1 \\ k-1 \end{pmatrix} = {_{n+k-1}\mathrm{C}_n} = \begin{pmatrix} n+k-1 \\ n \end{pmatrix}$$
$$= {_k\mathrm{H}_n} \tag{2.7}$$

さて，最後の式に注目してほしい．これは k 個から n 個をとり出す重複組合せとなっている．これについては以下のように考える．壺があり，そのなかには 1 から k までの番号が一つずつ書かれた k 枚の区別できるカードが入っているとする．玉を一つひとつ箱に入れるときに，この壺のなかからカードを抜いて，その番号の箱に順次玉を入れていくのである．これを n 回繰り返すのだが，当然同じ箱が選ばれ

てもよいので，重複は許されて一回ごとに抜いたカードは壺に戻される．つまり，重複組合せの状況と同じである．

これらの 4 種類の順列と組合せは，すべて異なる値をもっている．さらに，下記の例題 2.5 にあるように，それほど大きくない数の要素の取り扱いでも，桁数に大きな違いが現れることがある．よって，確率の計算のときにどれを使うかを取り違えてしまうと大きく誤った結果になるので，注意しなければならない．

例題 2.5 ◆ 10 個から 6 個をとり出す場合，下記であることを確かめよ．

$$_{10}P_6 = 151200, \quad _{10}\Pi_6 = 1000000, \quad _{10}C_6 = 210, \quad _{10}H_6 = 5005$$

解答 ◆ 計算は読者に任せるが，3 桁から 7 桁と大きな違いが現れることは面白くないだろうか．

2.2 多項係数とスターリングの公式

2.2.1 多項係数

組合せ $_nC_r$ は，**二項係数**ともよばれる．その理由は，二項の和の n 乗を展開したときに，下記となることによる．

$$(a+b)^n = \sum_{r=0}^{n} {}_nC_r a^r b^{n-r} = \sum_{r=0}^{n} \binom{n}{r} a^r b^{n-r} \tag{2.8}$$

つまり，展開したときに現れる係数が，組合せになるためである．

では，これを一般化して，多項の和の n 乗の係数を考えよう．これは**多項係数**とよばれ，二項係数の拡張となっている．k 項の和の n 乗を展開したときの係数は，n 個の区別できる要素を k グループ $(n_1, n_2, n_3, \ldots, n_k)$ に分ける場合の数に等しい．ただし，

$$n_1 + n_2 + n_3 + \cdots + n_k = n$$

である．このとき，k 項の和の n 乗を展開したときの係数は，順番に $n_1, n_2, n_3, \ldots, n_k$ 個の要素をとり出していく組合せの積であり，下記のように求めることができる．

$$\binom{n}{n_1, n_2, n_3, \ldots, n_k} \equiv \binom{n}{n_1}\binom{n-n_1}{n_2}\binom{n-n_1-n_2}{n_3}\cdots\binom{n_k}{n_k}$$

$$= \frac{n!}{(n_1)!(n_2)!(n_3)!\cdots(n_k)!} \tag{2.9}$$

例題 2.6 ◆ 20 人のメンバーを，8 人，8 人，4 人の三つの委員会に分ける方法の場合の数を求めよ．

解答 ◆ これは，上記の多項係数の公式 (2.9) を適用すればよい．

$$\begin{pmatrix} 20 \\ 8,8,4 \end{pmatrix} = \frac{20!}{8!8!4!} = 62355150 \tag{2.10}$$

この例題において，たった 20 名を分けているにもかかわらず，6200 万通り以上となるのは，意外と大きな数だと思わないだろうか．この結果から，委員会を解散して，無作為に選んで再編したとき，まったく同じ顔ぶれの委員会ができる確率は，$1/62355150 \approx 1.6 \times 10^{-8}$ であり，非常に小さいことがわかる．

2.2.2 スターリングの公式

順列と組合せでは，往々にして $n!$ が現れる．この値は，n が大きくなるにつれて，どんどん大きくなる（新しい計算機を買ったとき，この計算をさせてみることで，計算性能の粗い評価をする研究者もいる）．そのため，下記の近似が使われることがある．

◆ **スターリングの公式**

$$n! \approx \sqrt{2\pi n}(n^n e^{-n}) \quad (n \text{ が大きいとき}) \tag{2.11}$$

この近似を厳密値と比較して，表 2.1 に示した．これをみると，$n = 30$ くらいでも

表 2.1 スターリングの公式による近似

n	$n!$	$\sqrt{2\pi n}(n^n e^{-n})$
5	1.2×10^2	1.18019×10^2
10	3.6288×10^6	3.5987×10^6
15	1.30767×10^{12}	1.30043×10^{12}
20	2.43290×10^{18}	2.42279×10^{18}
25	1.55112×10^{25}	1.54596×10^{25}
30	2.65252×10^{32}	2.64517×10^{32}
35	1.03331×10^{40}	1.03086×10^{40}
40	8.15915×10^{47}	8.14217×10^{47}
45	1.19622×10^{56}	1.19401×10^{56}
50	3.04141×10^{64}	3.03634×10^{64}

誤差が 0.5% 以下のよい近似となっていることが読みとれる．なお，$e^x = \exp(x)$ と表記することもあり，以降では適宜使い分ける．

2.3 場合の数から確率へ

ここでは，実際に順列と組合せを用いて，確率を求める例を考えよう．再び少し意外な数が出てきて，実用性もあるので，電卓を使って確認したり，実際に調べてみたりしてほしい．

2.3.1 誕生日の問題

小学校のクラスのなかで同じ誕生日の人がいた経験はないだろうか．ある程度の人が集まれば，当然このような偶然は起きる．そして，人数が多くなれば，同じ誕生日をもつ組の数も増えることは予想できる．

では，この問題を確率の問題として考えてみよう．求める確率は，n 人のグループのなかで少なくとも 2 人が同じ誕生日をもつ確率 $P_d(n)$ である．しかし，これだけでは問題として成立しないことは，すでに前章で述べたとおりである．つまり，前提条件としていくつか仮定する必要がある．とくに重要な仮定は，人が 1 年のどの日に生まれる確率も等しいということである（ちなみに，これは事実とは異なる．米国などでは 10 月生まれの人の数が多いと聞くし，後に述べるが，筆者自身で統計をとった結果も偏りがある）．さらに，1 年は 365（$= Y$ とする）日として，グループに双子や三つ子以上の場合は含まれないと仮定しよう．すると，関係する場合の数は，下記のように求められる．

❶ n 人のすべての誕生日の場合の数（重複順列）：$Y^n = 365^n$
❷ n 人がそれぞれ異なる誕生日の場合の数（順列）：${}_Y\mathrm{P}_n = {}_{365}\mathrm{P}_n$
❸ 少なくとも 2 人が同じ誕生日の場合の数：$Y^n - {}_Y\mathrm{P}_n$

よって，求める確率は上記の ❸ を ❶ で割ることで求められる．すなわち，以下のようになる．

$$P_d(n) = \frac{Y^n - {}_Y\mathrm{P}_n}{Y^n} = 1 - \frac{{}_Y\mathrm{P}_n}{Y^n} = 1 - \frac{365!}{(365-n)!365^n} \tag{2.12}$$

この確率は，対象とするグループの人数 n の関数だが，すでに述べたように，この人数が多くなれば，この確率の値も増加する．具体的に n に値を入れて計算すると，表 2.2 のようになる．

ここで注目すべきは，高々 23 人いれば，同じ誕生日の組が存在する確率のほうが，全員が違う誕生日である確率より大きくなることである．50 人以上では，同じ誕生日

表2.2　$P_d(n)$ の値

n	2	4	6	8	10	12	14	16
$P_d(n)$	0.0027	0.0164	0.0405	0.0743	0.1170	0.1670	0.2231	0.2836
n	18	20	22	23	24	50	80	
$P_d(n)$	0.3469	0.4114	0.4757	0.5073	0.5387	0.9708	0.99991	

の組がみつかる確率は 97%を超えて，ほぼ確実にみつかることを示唆している．

しかし，これは前章に述べたような，いくつかの仮定をいれた「主観的アプローチ」による確率の計算である．では，現実はどうなっているだろうか．大学の講義で，受講者の皆さんに協力してもらい，調査を行った．その結果の一部が下記の表2.3である．

表2.3　誕生日の調査の結果

調査年		月												総計
		1	2	3	4	5	6	7	8	9	10	11	12	
2008	誕生人数	7	9	4	10	9	7	12	3	11	9	6	8	95
	2人同日の数	2	1	0	1	1	0	1	0	2	1	1	0	10
	3人同日の数	0	0	0	0	0	0	1	0	0	0	0	0	1
2009	誕生人数	9	4	11	11	7	7	6	8	8	18	9	14	112
	2人同日の数	1	0	2	1	1	0	0	0	0	3	0	1	9
	3人同日の数	0	0	0	0	0	0	0	0	0	0	0	0	0
2010	誕生人数	12	13	14	10	12	9	15	16	18	12	18	13	162
	2人同日の数	0	1	1	2	1	1	5	2	3	1	1	4	22
	3人同日の数	0	0	0	0	0	0	1	0	0	0	0	0	2
	4人同日の数	0	0	0	0	0	0	0	0	0	0	1	0	1
2015	誕生人数	5	2	8	7	4	5	6	4	7	5	6	7	66
	2人同日の数	0	0	1	1	1	0	0	0	0	0	0	0	3

これをみると，やはり同じ誕生日の組は相当数存在している．「統計的アプローチ」によっても，50人を典型的な受講者数とすれば，その講義室に同じ誕生日の組がいないことのほうが，より「偶然」なのである．

2.3.2　サンプルからの推定の基礎

報道機関による世論調査のように，ある調査をするときに，いくつかのサンプルを抜き出して，そこから全体に関する推定をしたい場合が現実の問題として存在する．つぎの例は単純だが，そのような問題に対する一つのアプローチの基礎となる．

壺のなかにそれぞれ区別できる n_1 個の赤玉と n_2 個の黒玉が入っており，$n_1+n_2 = n$ である．この壺のなかから無作為に r 個の玉を選ぶとき，このなかにちょうど k 個の赤玉が含まれる確率 P_k を求める．

これも関連する場合の数を切り分けて考え，問題をつぎのように解釈する．この問題の状況は，n 個から r 個の玉を選ぶなかで (❶)，n_1 個の赤玉から k 個をとり出し (❷)，n_2 個の黒玉から $r-k$ 個の玉をとり出す (❸) ということである．

それぞれの場合の数は組合せとなるが，これを求めると以下のようになる．

❶ n 個から r 個の玉を選ぶ場合の数：$\binom{n}{r}$

❷ n_1 個の赤玉から k 個の玉をとり出す場合の数：$\binom{n_1}{k}$

❸ n_2 個の黒玉から $r-k$ 個の玉をとり出す場合の数：$\binom{n_2}{r-k}$

❷と❸はたがいに制約なく行えることの場合の数なので，求めたい確率は，❷と❸を掛けあわせた場合の数を，全体の場合の数である❶で割ることで得られる．

$$
\begin{aligned}
P_k &= \frac{\binom{n_1}{k}\binom{n_2}{r-k}}{\binom{n}{r}} \\
&= \frac{\binom{n_1}{k}\binom{n-n_1}{r-k}}{\binom{n}{r}} \\
&= \frac{\frac{n_1!}{k!(n_1-k)!}\frac{(n-n_1)!}{(r-k)!\{(n-n_1)-(r-k)\}!}}{\frac{n!}{r!(n-r)!}} \\
&= \frac{\frac{r!}{k!(r-k)!}\frac{(n-r)!}{(n_1-k)!\{(n-r)-(n_1-k)\}!}}{\frac{n!}{n_1!(n-n_1)!}} \\
&= \frac{\binom{r}{k}\binom{n-r}{n_1-k}}{\binom{n}{n_1}}
\end{aligned}
\tag{2.13}
$$

解答としては 1 行目でこと足りるのだが，上記では少し計算をして最後の式にたどりついた．これは何を意味するのだろうか．眺めると，つぎのように解釈できる．

まず，n 個の黒玉が壺に入っている．ここから r 個をとり出す．そして，このなかで k 個の玉を赤く塗る．また，壺に残った $n-r$ 個の玉のなかで，n_1-k 個を赤く塗れば，赤玉は全部で n_1 個となり，結果として，上記に述べた問題の状況と同じになる．これを，n 個の玉のなかから n_1 個の玉を赤く塗るためにとり出す組合せで割れば，確率が求められる．

このように，順列・組合せを用いた確率の計算では，計算をした結果から，問題で述べられた状況に関する別の解釈にたどりつくことが，ときどき起きる．このことは，問題に対する違う視点を与えてくれるという意味で，有用なこともある．式 (2.13) を推定に活用する方法については，次節で詳しく述べる．

2.4 最尤推定

式 (2.13) で求めた確率 P_k は，k の関数として考えたときに，**超幾何分布**とよばれる．この関数は面白い性質をもっているが，詳細は専門書にゆずる．これはつぎのように推定に活用できる．

たとえば，ある池のなかにどれだけの数のメダカが生息しているかを推定したいとする．このとき，以下のような手続きで推定値を求める．

❶ 池のなかから n_1 匹のメダカを捕まえて，尾を赤く塗る．そして池に戻す．
❷ 再度 r 匹のメダカを捕まえて，そのなかで尾の赤い数が k 匹だったとする．
❸ ここで，式 (2.13) の超幾何分布 P_k を使う．全体の数 n 以外のパラメータの値は，上記の手続きや観測で決めることができる．
❹ P_k を n の関数として考えて，その値を最大とする n^* を，メダカの数の尤（もっと）もらしい推定値とする．

たとえば，実際に $n_1=200$, $r=100$, $k=25$ として，n を変えながら $\mathcal{L}(n) = P_{k=25}$ を計算すると，表 2.4 のようになり，プロットすると，図 2.2 のようになる．これから，確率 $P_{k=25}$ の最大値をもたらす値としての推定値は，$n^*=800$ 匹となる．

上記の背景にある考え方は，観測などにより実現する状況は，その起きる確率の尤

表 2.4 メダカの数の推定の結果

メダカの数 n の推定値	500	600	700	800	900	1000	1100	1200
確率 P_k	0.0002	0.0141	0.0679	0.0981	0.0766	0.0428	0.0199	0.0083

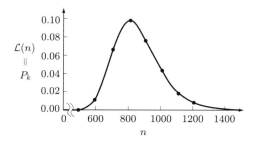

図 2.2 メダカの数の推定

もらしいところ（最大のところ）に対応しているということである．それゆえ，この推定の方法を**最尤推定法**とよぶ．上記はサンプルをとり出して，全体の性質などを推定する手法の基礎的な場合である．

ここで注意すべきは，$\mathcal{L}(n) = P_{k=25}$ も n の関数として考えることができるが，この関数の値は，メダカの数が n となる事象の確率ではないということである．しかし，たとえば推定値を 1200 とすると，800 とするよりもだいぶ妥当性が低いことは，この関数のプロットから読みとることができる．

上記の推定においても，❶で池に戻したメダカが十分にほかのメダカと交じりあい，どのメダカが捕獲されることも同様に確からしいという仮定がある．また，推定の精度をより高めるには，繰り返しの観測によってより多くの k の値を得ることが必要であるが，これらについては推定について書かれた統計の教科書を参考にしてほしい．

――― 章末問題 ―――

2.1◆ 区別できる 10 個の玉から 4 個の玉をとり出すときに関係する下記の数を求めよ．また，結果を例題 2.5 と比較せよ．

$$_{10}P_4, \quad _{10}\Pi_4, \quad _{10}C_4, \quad _{10}H_4$$

2.2◆ 例題 2.6 では 20 人を三つの委員会に $(8, 8, 4)$ で分けたが，以下のように分けるときの場合の数を求めよ．

$$(9, 9, 2), \quad (6, 6, 8), \quad (4, 4, 12), \quad (2, 2, 16)$$

2.3◆ 2.4 節でとりあげたメダカの推定の例で，$n_1 = 200$，$r = 100$，$k = 25$ として，$\mathcal{L}(n) = P_{k=25}$ を計算機を用いて各 n の値で足しあわし（「積分」し），その結果が 1 とはならないことを確認せよ．これは，$\mathcal{L}(n)$ が n の起きる確率の値をもつ関数（後に出てくる確率分布）ではないことを示している．

3 条件付き確率

　ここでは，一つの事象に関する確率ではなく，複数の事象に関する確率について考えよう．たとえば，二つの事象があるとき，その間には関係があるかもしれないし，ないかもしれない．そもそも，「関係がある」とはどういうことであろうか．ことわざの「風が吹く」と「桶屋が儲かる」は，一見関係のない二つの事象について述べている．このように，「因果関係」が明確ではないものも含めて，複数の事象の関係を考えることはよくある．

　この章では，確率の考え方を用いて，このような複数の事象をどのように扱うのかを考える．具体的には，同時確率，そして条件付き確率という概念が使われるので，まずはこれらについて解説していく．（参考文献：[7, 11, 14, 17]）

3.1　条件付き確率と同時確率

　周囲から切り離された実験の試行などではなく，現実のなかである事象の確率を考えたい場合，その事象に関連する事実が与えられていることが多い．たとえば，熱が40度あるときにインフルエンザである確率，いままでの気象状況から明日雨が降る確率，ある模擬試験での結果から志望校に合格する確率など，身近にはこのような例が多くある．

　このような状況に対して，**条件付き確率**という概念をもって対応する．事象 B が起きたときに事象 A の起きる確率を，事象 B を条件とする事象 A の条件付き確率とし，$P(A|B)$ と表記する．

　さて，条件付き確率と密接に関係する概念として，**同時確率**がある．これは事象 A, B がともに起きる確率で，$P(A \cap B)$，もしくは $P(A : B)$ と書く．日本語で同時というと，時刻が同じという意味あいが強いが，時間の概念が含まれる必要はないし，同じ時刻に起きる必要もない．英語では joint probability というので，「同時」というよりは「連結」という感じでとらえてもらえばよい．

　この二つの概念の間の関係については下記に述べるが，混同しやすいので注意が必要である．条件付き確率 $P(A|B)$ は，事象 B がすでに起きたという条件の下での確率である．一方，同時確率 $P(A : B)$ は，どちらかの事象が起きているという条件はない状況での確率である．たとえば，ある2人の学生 A さんと B さんが，ある教室で行われているサークルの活動に顔を出しているかどうかという状況を考えよう．粗い

考え方だが，2人の活動状況を知る前に，つまり教室をのぞく前に「2人とも来ているか」ということを考えるのが，同時確率 $P(A:B)$ である．一方，教室をのぞいたらBさんの姿がみえたが，Aさんがいるかはまだ判明しない．このときに考えるのが，条件付き確率 $P(A|B)$ である．

図3.1のようなある集団の例で，この二つの概念の関係を具体的にみてみよう．全体で200人の集団で，身長が170 cm以上の人は60人，体重80 kg以上の人が40人，両方にあてはまる人が30人いるとしよう．この集団全体から無作為にある人を選んだ場合に，これらの事象にあてはまる確率を考える．まず，事象を切り分けると，以下のようになる．

A：身長170 cm以上，　B：体重80 kg以上
$A \cap B$：身長170 cm以上かつ体重80 kg以上（A, B両方にあてはまる）

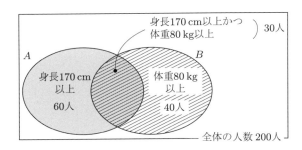

図3.1　同時確率と条件付き確率を考える例

それぞれの条件を満たす人数を考えると，選んだ人がこれらの事象にあてはまる確率は

$$P(A) = \frac{60}{200} = 0.3, \quad P(B) = \frac{40}{200} = 0.2$$

となる．そして，同時確率は以下のようになる．

$$P(A:B) \equiv P(A \cap B) = \frac{30}{200} = 0.15$$

では，条件付き確率 $P(A|B)$ はどうなるだろうか．これは，ある人が体重80 kg以上であるという事実の下で，身長が170 cm以上である確率であるので，以下のように求める．

$$P(A|B) = \frac{30}{40} = 0.75$$

つまり，すでに体重80kg以上であるということなので，無作為に選ぶのは全体の200人からではなく，Bの条件を満たす40人からで，その場合にさらに身長が170 cm以

上の人である確率として計算するのである．

　条件付き確率を使って，同時確率についても 2 段階で考えることができる．まず，全体から無作為に選ばれた人が体重 80 kg 以上であり，さらに身長が 170 cm 以上であるという同時確率は，条件付き確率を使ってつぎのように書ける．

$$P(A:B) = P(A|B)P(B) \tag{3.1}$$

実際，条件付き確率はこの関係式で定義するのが一般的である．つまり，

$$P(A|B) = \frac{P(A:B)}{P(B)} \tag{3.2}$$

となる．なお，条件を逆にした $P(B|A)$ についても，同様に考えることができて，

$$P(B:A) = P(B|A)P(A)$$
$$P(B|A) = \frac{P(B:A)}{P(A)} \tag{3.3}$$

となる．また，同時確率の定義より，A と B の順番を入れ替えても確率は変わらないため，

$$P(A:B) = P(B:A) \tag{3.4}$$

なので，

$$P(A|B)P(B) = P(B|A)P(A) \tag{3.5}$$

となる．この定義から，上記の例をもう一度考えてみると，

$$\begin{aligned}
P(A|B) &= \frac{0.15}{0.20} = \frac{30}{40} = 0.75 \\
P(B|A) &= \frac{0.15}{0.30} = \frac{30}{60} = 0.5 \\
P(A:B) &= P(A|B)P(B) = 0.75 \times 0.2 = 0.15 \\
P(B:A) &= P(B|A)P(A) = 0.5 \times 0.3 = 0.15
\end{aligned} \tag{3.6}$$

となって，整合している．

　繰り返しになるが，同時確率と条件付き確率は混同しやすい．とくに，応用問題を考えるときには，どちらが必要とされているのかを問題の文脈から解読していく必要がある．しかし，この二つの概念をおさえると，後に述べるベイズの定理などで，確率を使っていろいろな現実の問題を考えることもできる．この後に述べる性質や具体例をとおして，ぜひこれらの概念を体得してほしい．

例題 3.1 ◆ 上記の例で，今度は身長 170 cm 未満 (A^c) と体重 80 kg 未満 (B^c) についても考える†．このとき，以下の条件付き確率を求めよ．

$$P(A|B^c), \quad P(B|B^c), \quad P(A^c|B^c)$$

解答 ◆ 与えられた条件と定義によって計算することができる．以下となることを確認してほしい．

$$P(A|B^c) = \frac{3}{16}, \quad P(B|B^c) = 0, \quad P(A^c|B^c) = \frac{13}{16}$$

3.2 条件付き確率の性質

ここでは条件付き確率の性質について，いくつか述べよう．

(1) 基本的性質

まず，条件付き確率も確率であるので，$0 \leq P(A|B) \leq 1$ である．とくに，$A \cap B$ が起きえない事象であれば，つまり $P(A \cap B) = 0$ であれば，$P(A|B) = 0$ となる．推理小説の例でいえば，犯人であること（この事象を A とする††）と，アリバイがあること（事象 B）は同時に成立しない．すなわち，アリバイがあるという条件の下では，犯人である確率は 0 になる．

また，$B \subset A$ なら $P(A|B) = 1$ となる．たとえば，ある子供たちの集団において，12 歳以下の男児であるという事象 B は，12 歳以下の子供であるという事象 A の一部であるので，もし，ある子供を選んだときに事象 B であるなら，その子供は必ず 12 歳以下である．

(2) 加法定理

さらに，$C = A \cup B$ かつ $A \cap B = \emptyset$ ならば，任意の事象 D に対して

$$P(A|D) + P(B|D) = P(C|D) \tag{3.7}$$

である（$\emptyset$ は「空事象」）．これは事象 A, B が排他的（$A \cap B = \emptyset$）なときに，それらをあわせた事象 C の，事象 D を前提とした条件付き確率が，条件なしの確率を考えたときと同様に，単純に和として表されるということである．たとえば，証拠 D によって犯人は A と B のどちらか 1 人にしぼられた場合，それぞれの条件付き確率の和が，2 人のどちらかが犯人である条件付き確率である．

式 (3.7) を拡張して，**条件付き確率に対する加法定理**を得ることができる．

---

† A ではない事象を A^c と表記し，A の余事象という．
†† 以降では（事象 A）のように省略した表現を用いる．

◆ 条件付き確率に対する加法定理

$$A = A_1 \cup A_2 \cup \cdots \cup A_k,$$
$$A_i \cap A_j = \emptyset \quad (\text{すべての } i \neq j (i=1,2,\ldots,k, \ j=1,2,\ldots,k) \text{ について}) \tag{3.8}$$
なら，任意の事象 D に対して，
$$P(A|D) = P(A_1|D) + P(A_2|D) + \cdots + P(A_k|D) \tag{3.9}$$

ここでも，たがいに排他的な事象であるということがポイントである．図 3.2 と図 3.3 を参照して，その意味を感じてほしい．下記の例題 3.2 にもあるように，特別難しいことを述べているわけではない．

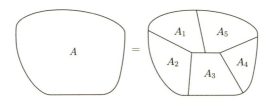

図 3.2　式 (3.8) の $k=5$ の場合の例

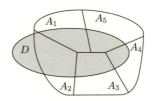

図 3.3　条件付き確率に対する加法定理についての概念図

例題 3.2 ◆ ある学校で 1 学年 200 人いる学生から，徒競走に参加する（事象 A）50 人を選んだ．さらに，1 チーム 10 人として A_1 から A_5 の 5 チームに分けた．また，マラソンに参加する（事象 D）学生は 30 人で，このうち 25 人は徒競走にも参加する．それぞれの徒競走チームで，マラソンにも参加する人数は

$$A_1 : 6, \quad A_2 : 9, \quad A_3 : 5, \quad A_4 : 2, \quad A_5 : 3$$

である．ここで，ある人を無作為に選んだとき，マラソンに参加する学生であった．この例について，条件付き確率に関する加法定理を確認せよ．

解答 ◆ この問題は与えられた情報から，式 (3.9) の左辺が $P(A|D) = 25/30$ となる．
そして，右辺が，それぞれ $P(A_1|D) = 6/30, P(A_2|D) = 9/30, P(A_3|D) = 5/30, P(A_4|D) = 2/30, P(A_5|D) = 3/30$ となり，右辺の和が左辺と一致している．

(3) 余事象

A の余事象 A^c について,

$$P(A^c|B) = 1 - P(A|B) \tag{3.10}$$

となる．これも条件が付かない場合の自然な拡張となっていて，上記の (2) の特殊な場合である ($C = A \cup A^c$ として，B を D と読みかえる)．たとえば，証拠 B という条件の下で A が犯人である確率と，証拠 B という条件の下で A が犯人でない確率の和は 1 である．

(4) 全確率の公式

加法定理と密接に関係する公式として**全確率の公式**がある．まず，二つの事象の場合で考える．$P(A) > 0, P(B) > 0$ であり，さらに，$C \subset A \cup B$ かつ $A \cap B = \emptyset$ であるとすると，つぎのようになる．

$$P(C) = P(C:A) + P(C:B) = P(C|A)P(A) + P(C|B)P(B) \tag{3.11}$$

さらに，一般の場合に拡張しよう．

◆ 全確率の公式

事象 $A_1, A_2, \ldots, A_n$ について以下が成り立つとする．

(i) たがいに排反である．($i \neq j$ ($i = 1, 2, \ldots, n$, $j = 1, 2, \ldots, n$) について，$A_i \cap A_j = \emptyset$)

(ii) $P(A_i) > 0$ ($i = 1, 2, \ldots, n$)

(iii) $C \subset A_1 \cup A_2 \cup A_3 \cup \cdots \cup A_n$

これらから事象 C の確率を求めると，

$$P(C) = P(C:A_1) + P(C:A_2) + \cdots + P(C:A_n) = \sum_{i=1}^{n} P(C:A_i) \tag{3.12}$$

すなわち，つぎのようになる．

$$P(C) = \sum_{i=1}^{n} P(C|A_i) P(A_i) \tag{3.13}$$

これは図 3.4 を参照してほしい．こちらもこのように図示すれば難しくはない．

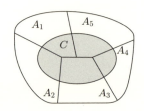

図 3.4 全確率の公式についての概念図

例題 3.3◆ 1 学年 100 人で文系の 5 コース (A_1 から A_5) に,それぞれ下記の男女の学生(男,女)人がいるとする.

$$A_1:(10,6), \quad A_2:(8,5), \quad A_3:(6,8), \quad A_4:(6,4), \quad A_5:(5,5)$$

この学年から無作為に 1 名を選んだとき,文系の女子の学生である事象を C とする.このときに上記の全確率の公式を確認せよ.

解答◆ これらも与えられた情報から,関連する確率を下記のように求めることができる.

$$P(C) = \frac{28}{100}, \quad P(C:A_1) = \frac{6}{100}, \quad P(C:A_2) = \frac{5}{100},$$

$$P(C:A_3) = \frac{8}{100}, \quad P(C:A_4) = \frac{4}{100}, \quad P(C:A_5) = \frac{5}{100},$$

$$P(C|A_1) = \frac{6}{16}, \quad P(C|A_2) = \frac{5}{13}, \quad P(C|A_3) = \frac{8}{14}, \quad P(C|A_4) = \frac{4}{10}, \quad P(C|A_5) = \frac{5}{10},$$

$$P(A_1) = \frac{16}{100}, \quad P(A_2) = \frac{13}{100}, \quad P(A_3) = \frac{14}{100}, \quad P(A_4) = \frac{10}{100}, \quad P(A_5) = \frac{10}{100}$$

式 (3.13) にこれらを代入すると,全確率の公式が成り立っていることが確認できる.

3.3 条件付き確率と状況変化

実際に世の中で確率の問題を考えるときには,その問題設定に関する状況が変化することが往々にしてある.一般には,状況が変われば確率の値は変化する.たとえば,ある教室で無作為に 1 人を選んだときに,その人がインフルエンザである確率や,インフルエンザが原因で学級閉鎖になる確率も,夏と冬では当然違うであろう.このような変化は条件付き確率においても影響を与える.しかし,観測などによってある事象の現れる確率が変化したからといって,逆に,それが状況の変化によるといえるであろうか.実はこれは必ずしもそうであるとはいえない.少しわかりにくいかもしれないので,読者によっては読みとばしてもらってもかまわないが,下記の二つの例は,条件付き確率と状況変化の関係を示している.

例 3.1◆ ある壺のなかに黒玉 b 個と赤玉 r 個が入っている．その壺から，一つの玉を無作為にとり出し，その色を確認して，再度壺に戻すとともに，同じ色の玉を一つ壺に追加するとする．そして，もう一度一つの玉を無作為にとり出す．このとき，

(1) 1 回目で赤玉をとり出す確率
(2) 1 回目も 2 回目も赤をとり出す確率
(3) 1 回目で赤玉がとり出されたときに 2 回目も赤玉をとり出す確率

をそれぞれ計算しよう．

(1) これは単純に赤玉の割合で計算できる．
$$P(r) = \frac{r}{b+r} \tag{3.14}$$

(2) ここでは同時確率を求めるのだが，赤玉が一つ追加されていることを考えれば，以下となる．
$$P(r:r) = \frac{r}{b+r}\frac{r+1}{b+r+1} \tag{3.15}$$

(3) これは，1 回目で赤玉が出たという下での条件付き確率なので，定義に従って，
$$P(r|r) = \frac{P(r:r)}{P(r)} = \frac{r+1}{b+r+1} \tag{3.16}$$

となる．
ここで，
$$P(r|r) - P(r) = \frac{r+1}{b+r+1} - \frac{r}{b+r} = \frac{b}{(b+r+1)(b+r)} > 0$$

であるので，
$$P(r|r) > P(r) \tag{3.17}$$

であり，同じ赤玉を追加したことで 2 回目に赤玉をとり出す確率はより高くなっていることに注目してほしい．事実，もし同じ色の玉を追加しなければ，壺の玉の組成は変わることなく $P(r|r) = P(r)$ となる．つまり，1 回目に赤玉がとり出されるかどうかは 2 回目には影響を与えない．このような壺に玉を加えるモデルは**ポリアの壺**とよばれる．壺の組成の変化を伝搬の効果とよび，これは状況が変化することの一つの表現で，感染症の伝染などを数理モデル化する場合に応用される．

例 3.2◆ 例 3.1 と同様に，ある壺のなかに黒玉 b 個と赤玉 r 個が入っているとする．しかし，なかに仕切りがあり，I と II の部分に分かれている．I には黒玉 b_1 個

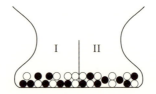

図 3.5 二つの部分に分かれた壺

と赤玉 r_1 個が入っており，II には黒玉 b_2 個と赤玉 r_2 個が入っているとしよう（図 3.5 参照）．

ここから玉をとり出す人は，意図的でなくとも確率 p_1 で I を，確率 p_2 で II を選択して，その後同じ部分から玉のとり出しを複数回行うとする．ただし，玉の色を確認した後はその玉を戻すだけで，例 3.1 のような追加はしないとする．よって，壺のなかの玉の組成は変わることはない．ここでも同様に

(1) 1 回目で赤玉をとり出す確率
(2) 1 回目も 2 回目も赤玉をとり出す確率
(3) 1 回目で赤玉がとり出されたときに 2 回目も赤玉をとり出す確率

をそれぞれ計算しよう．

(1) ここではまず，I と II のどちらかが確率的に選ばれ，さらにそのなかから赤玉がとり出されるということで，前者と後者は独立なので，つぎのようになる．

$$P(r) = p_1 \left(\frac{r_1}{b_1 + r_1} \right) + p_2 \left(\frac{r_2}{b_2 + r_2} \right) \tag{3.18}$$

(2) 最初に I と II を選んでしまえば，あとは同じところから玉をとり出すので，この同時確率はつぎのようになる．

$$P(r:r) = p_1 \left(\frac{r_1}{b_1 + r_1} \right)^2 + p_2 \left(\frac{r_2}{b_2 + r_2} \right)^2 \tag{3.19}$$

(3) 例 3.1 と同様に，式 (3.18), (3.19) から定義によって条件付き確率はつぎのようになる．

$$P(r|r) = \frac{P(r:r)}{P(r)} = \frac{p_1 \left(\frac{r_1}{b_1 + r_1} \right)^2 + p_2 \left(\frac{r_2}{b_2 + r_2} \right)^2}{p_1 \left(\frac{r_1}{b_1 + r_1} \right) + p_2 \left(\frac{r_2}{b_2 + r_2} \right)} \tag{3.20}$$

この結果をみると，壺のなかの玉の組成は変わっていないのに，$P(r) \neq P(r|r)$ である．具体的に，I と II の選ばれる確率や赤玉の割合に下記のような違いがあるときを考える．

$$p_1 = 0.2, \quad p_2 = 0.8, \quad \frac{r_1}{b_1 + r_1} = 0.5, \quad \frac{r_2}{b_2 + r_2} = 0.05 \qquad (3.21)$$

これで，上記の確率を計算すると，$P(r) = 0.14, P(r:r) = 0.052, P(r|r) \approx 0.37$ となり，違いは明確である．

この例 3.1, 3.2 についてもう一度振り返ってみると，状況の変化や伝搬があれば，一般には $P(r) \neq P(r|r)$ となる．しかし，等号が成り立たないからといって，状況の変化があった，もしくは，過去からの影響があったということがただちにいえるとは限らないのである．

たとえば，2.4 節で述べたような，池のなかに生息するある種類の魚の割合を知りたいとき，最初に（作業が容易であるといった地形的な理由などで），ある偏りをもって，池の端のある一つの地点を選んでサンプル採取を繰り返し行えば，上記の壺の一部のみを確率的に選んだということに相当する可能性もある．このときに採取した魚の数の割合から，確率や条件付き確率を計算して，その魚の増減や池の状況の変化の有無をいうことには注意が必要である．

―――――――――― 章末問題 ――――――――――

3.1◆ サイコロをふったとき，それぞれの数字の出る確率は $1/6$ で同じである．では，あなたにみえないように誰かがサイコロをふって，奇数であると伝えたとき，出た目が 1 である条件付き確率を求めよ．

3.2◆ 章末問題 3.1 と同様の設定で，二つのサイコロをふって，出た目の和が 8 以下であると告げられた．このとき，この和が奇数である条件付き確率を求めよ．

3.3◆ ある大学の数学科のある学年の学生は，所在地の県 A と隣接県 B，C からの出身者で構成されている．その人数の比率は A:B:C＝ 6:3:1 である．そのうち，数学の博士号を得る学生の比率は，その数学科の統計的な過去のデータより，A，B，C 県出身者で，それぞれ 4，2，2%となっている．ここで，この学年から 1 人の学生を指名したとき，その学生が博士号を得る確率を求めよ．

4 確率的な独立

現実の問題としては，ある情報や条件が与えられたとしても，それが考えている事象の確率に影響を与えないことも十分にありうる．これを扱うのが「確率的な独立」という概念である．いわゆる「関係がない」ということになるのだが，数学的な定義と「関係がない」という語感との間には少し違いがあるので，注意が必要である．また，確率的に独立であると，さまざまな性質が単純化されるので，数学的な理想化としては非常に重要である．（参考文献：[7, 11]）

4.1 確率的な独立

事象 A と B が確率的（統計的）に独立であることの定義はつぎのようになる．

$$P(A \cap B) \equiv P(A:B) = P(A)P(B) \tag{4.1}$$

なお，ここで $P(B) \neq 0$ であるならば，前章の条件付き確率を用いて，

$$P(A|B) = \frac{P(A:B)}{P(B)} = P(A) \quad (P(B) \neq 0) \tag{4.2}$$

として，確率的な独立を定義することもできる．

この定義の「気持ち」は，A という事象と B という事象の確率は，たがいに影響を与えないということである．たとえば，サイコロを2回ふって，1回目に偶数が出て（事象 A），2回目に奇数が出る（事象 B）という同時確率 $P(A:B)$ を考える場合，通常は1回目に出る目と2回目に出る目の間に関係はない（確率的に独立）と考えられるので，$P(A)P(B)$ と積の形で表される．

再び，推理小説になぞらえていえば，証拠 B が得られても得られなくても，A が犯人である確率に影響を与えないという場合に相当する．一般に，物理的に独立な事象や，無関係と考えられる事象は，確率的に独立であるとみなせることが多いが，厳密に考えると，少し微妙なところもあるので，次節で具体例をとおしてこれらを示していこう．

4.2 確率的な独立の性質

確率的な独立についての感覚を深めてもらうために，具体例をあげて解説していく．一般に使われる「無関係」の意味とは，少しずれる場合もあることを認識してほしい．

例 4.1 ◆ まず，4.1 節でもとりあげた単純な場合を考えよう．サイコロを2回ふって1回目が偶数（事象 A），2回目が3か4の出る（事象 B）ような事象を考えると，

$$A \cap B = \{(2,3), (2,4), (4,3), (4,4), (6,3), (6,4)\}$$

なので，同時確率はこの6通りを全体の36通りの場合の数で割ることで求められる．

$$P(A:B) = \frac{6}{36} = \frac{1}{6} \tag{4.3}$$

一方，それぞれのサイコロでの事象 A, B の確率を計算して，その積をとると

$$P(A)P(B) = \frac{3}{6} \times \frac{2}{6} = \frac{1}{6} \tag{4.4}$$

となるので，事象 A と事象 B は確率的に独立であることが確認できる．

例 4.1 の議論はあたりまえのように思うかもしれない．しかし，注意深く考えると，ここには「各目が同じ確率で出る」ことと，1回目と2回目で出る目は「たがいに影響していない（どの目の組合せも同じ確率で出る）」という前提が暗になされている．この二つの仮定のどちらかが崩れると，例 4.1 の確率的な独立は成り立たない可能性がある．実際，現実における事象は，あるときに起きたことと，そのつぎに続けて起きることの間に何らかの関係性があることが多い．

例題 4.1 ◆ コインの形をした二つの磁石を続けてふる．一つ目の磁石コインは表と裏の出る確率が同じであるが，二つ目の磁石コインは，一つ目の磁石コインと同じ面が出る確率が 2/3 と偏っている．ここで，一つ目の磁石コインで表が出る（事象 A）と二つ目の磁石コインで表が出る（事象 B）とするとき，この二つの事象は確率的に独立でないことを確認せよ．

解答 ◆ まず，両方で表の出る確率は，$P(A:B) = 1/2 \times 2/3 = 1/3$ である．また，$P(A) = 1/2$ であり，B となる確率は，（表，表）と（裏，表）となる場合の確率をあわせたものになるので，

$$P(B) = \frac{1}{2} \times \frac{2}{3} + \frac{1}{2} \times \frac{1}{3} = \frac{1}{2}$$

である．よって，$P(A:B) \neq P(A)P(B)$ となり，確率的に独立ではない．

つぎに，確率的な独立の概念をもう少し掘り下げた例を示す．これはすでに前章でとりあげた例であるが，下記に繰り返す．

例 4.2 ◆ 全体で 200 人の集団で，身長 170 cm 以上（事象 A）の人は 60 人，体重 80 kg 以上（事象 B）の人が 40 人，両方にあてはまる人 ($A \cap B$) が 30 人いるとしよう．この集団全体から無作為にある人を選んだ場合に，事象 A, B は確率的に独立となるかどうか考えよう．

この場合は，3.1 節でみたように

$$P(A : B) = \frac{30}{200} = 0.15, \quad P(A)P(B) = \frac{60}{200} \times \frac{40}{200} = 0.06 \tag{4.5}$$

となるので，$P(A : B) \neq P(A)P(B)$ となり，確率的に独立とはならない．

しかし，両方にあてはまる人 ($A \cap B$) が 12 人であるとしよう．この場合には

$$P(A : B) = \frac{12}{200} = 0.06 = P(A)P(B) \tag{4.6}$$

となるので，確率的に独立である．念のために条件付き確率を計算すると，

$$\begin{aligned} P(A|B) &= \frac{P(A : B)}{P(B)} = \frac{0.06}{0.20} = 0.3 = P(A) \\ P(B|A) &= \frac{P(B : A)}{P(A)} = \frac{0.06}{0.30} = 0.2 = P(B) \end{aligned} \tag{4.7}$$

となっており，整合している．

この例での注意点は，事象 A と事象 B の記述は同じであっても，上記のように，それぞれの条件を満たす確率（この例では条件を満たす人の割合）によっては，確率的に独立になったり，ならなかったりすることである．つまり，確率的な独立はそれぞれの事象の記述だけからは判断ができない．

また，確率的な独立は，例題 4.1 のように二つの事象がたがいに影響を及ぼす状況では成り立たないことが多い．このことから逆に，図 4.1 のような $A \cap B = \emptyset$ という事象の集合に重なりがない場合に，「関係がない」として確率的に独立であるかのようにとり違えることもある．しかし，一般には $P(A \cap B) = 0$, $P(A)P(B) \neq 0$ である

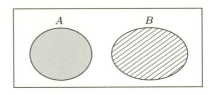

図 4.1 事象の集合に重なりがないが，確率的に独立ではない

から，確率的に独立でないことは明らかである．この場合，確率的にはまったく独立でないことは，仮に事象 A が起きれば，事象 B は決して起きないという，強い関係にあることからも指摘できる．

例題 4.2 ◆ 例 4.2 と似たような問題を考える．全体で 200 人の集団で，身長が 170 cm 以上（事象 A）の人が x 人，体重 80 kg 以上（事象 B）の人が 40 人，両方にあてはまる人（$A \cap B$）が 30 人いるとしよう．この集団全体から無作為にある人を選んだ場合に，事象 A と事象 B が確率的に独立となるのは，身長が 170 cm 以上の人数 x が何人のときか．

解答 ◆ この問題は，すでに得たように

$$P(A:B) = \frac{30}{200} = 0.15, \quad P(A) = \frac{x}{200}, \quad P(B) = \frac{40}{200} = 0.20 \tag{4.8}$$

であるので，事象 A と事象 B が確率的に独立となる人数は次式を満たすときである．

$$P(A) = \frac{P(A:B)}{P(B)} = \frac{0.15}{0.20} = \frac{3}{4} = \frac{150}{200} \tag{4.9}$$

よって，身長 170 cm 以上の人が 150 人いるときである．

例 4.3 ◆ ある家族に 3 人の子供がいて，性別については，つぎの八つの可能性があるが，それらは等確率であるとする（b は男，g は女を表す）．

$$(bbb), (bbg), (bgb), (gbb), (ggb), (gbg), (bgg), (ggg) \tag{4.10}$$

ここで，多くとも 1 人の女の子がいること（事象 A）と，男の子と女の子がいること（事象 B）が，確率的に独立であるかを計算しよう．

まず，場合の数をみると，つぎのようになる．

事象 A：多くとも 1 人の女の子 $\Rightarrow$ 4 通り
事象 B：男の子と女の子がいる $\Rightarrow$ 6 通り
$A \cap B$：男の子と，1 人の女の子がいる $\Rightarrow$ 3 通り

これにより，

$$P(A) = \frac{1}{2}, \quad P(B) = \frac{3}{4}, \quad P(A:B) = \frac{3}{8} \tag{4.11}$$

であり，$P(A:B) = P(A)P(B)$ となる．したがって，事象 A, B は確率的に独立である．

しかし，上記の設定で，2 人の子供，または 4 人の子供がいる家族においては事象 A, B は確率的に独立ではない（章末問題 4.2）．

ここでも事象 A と事象 B の記述は同じであり，また，一般的な言葉遣いとしては，

その間に密接な関係がある．しかし，上記のように，子供の人数が変わるだけで確率的に独立になったり，ならなかったりする．よって，ここでも具体的な数値が入らない限り，一般的な語感や条件や事象の記述だけから，確率的に独立かどうかを判断することはできないのである．

　本節で示した例から，確率的な独立の概念について，注意すべきところも含めて感じていただけたかと思う．多くの場合，確率的な独立は，特殊な状況や数学的な理想化である．しかし，この性質があると，この後の章で出てくるように，数理的な計算が非常に単純化される．このため，物理学をはじめ，現象の理論の構築においては，まず確率的に独立であるという仮定を入れて土台をつくり，そこから修正や補正を入れていくというアプローチがとられることも多い．したがって，確率的な独立は，確率論において重要な概念であるといえる．

―――――――――――――― 章末問題 ――――――――――――――

4.1◆ サイコロを2回ふって，1回目と2回目の出る目の間に関係がある場合を考えよう．ここでは，1回目にはどの目の出る確率も等しく1/6であるが，2回目は1回目と同じ目の出る確率は1/4で，違う目の出る確率はそれぞれ3/20であるとしよう（つまり，同じ目がやや出やすい）．
　(1) このサイコロ投げで，本文でとりあげたように，1回目に偶数の出る事象 A と，2回目に3か4の出る事象 B が確率的に独立であるかどうか確かめよ．
　(2) 同じサイコロ投げで，1回目に偶数の出る事象 A と，今度は少し設定を変えて，2回目に2か4の出る事象 C が確率的に独立であるかどうか確かめよ．

4.2◆ 例4.3で，同じ問題を子供4人としたときには，$P(A:B) \neq P(A)P(B)$ であり，事象 A, B は確率的に独立でないことを示せ．

5 ベイズの定理

ここまで述べてきた条件付き確率や同時確率などを理解すると，現実的な応用としても有力な確率推定の方法が使える．それが，本章で述べる「ベイズの定理」である．ある事象が起きたとして，これを引き起こす複数の原因があるときに，そのどれが今回の原因であるかの確率を知りたいことは多々ある．とくに，事故や事件が起きたときには，修理や再発の防止のためにこの推定は必須といってもよい．ベイズの定理はこのようなときに活用できる．（参考文献：[5,7,15]）

5.1 ベイズの定理の導出

ベイズの定理について，具体的な例をとおして紹介していく．

まず，これまで述べてきた概念の復習を事故になぞらえて，簡単な場合から考えてみよう．事故 C を確率的に引き起こす原因として考えられている A, B は，第3章で述べた全確率の公式の条件，すなわち以下を満たす．

(i) たがいに排反である $(A \cap B = \emptyset)$.
(ii) $P(A) > 0, P(B) > 0$
(iii) $C \subset A \cup B$

ここで，(i) のたがいに排反とは，原因は A, B のうちのどちらか一つだけであるということに対応する．そして，(ii) よりそれぞれの原因の起きる確率は 0 ではないという状況である．この状況がベイズの定理を適用するための前提条件である．

では具体的に簡単な事例を考えてみよう（図 5.1 参照）．

ある商品は，工場 A か工場 B のどちらかでつくられ，生産割合は 6 : 4 で，生産された後は混ぜられる．さらに，それぞれの工場が不良品を出す可能性（不良率）は 5% と 10% である．ここで，事象を

事象 A：工場 A で生産された商品である
事象 B：工場 B で生産された商品である
事象 C：不良品である

と切り分ける．すると，上記の情報から下記となる．

$$P(A) = 0.6, \quad P(B) = 0.4, \quad P(C|A) = 0.05, \quad P(C|B) = 0.10$$

第 5 章 ベイズの定理

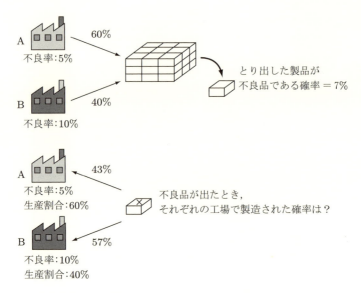

図 5.1 ベイズの定理の応用事例

まず,この商品のなかから無作為に一つをとり出したときに,それが不良品である確率 $P(C)$ を求めよう.ここで,上記の A, B, C については,全確率の公式を適用するための三つの条件は満たされていることを確認してほしい.これによって全確率の公式が使える.

$$P(C) = P(C : A) + P(C : B) = P(C|A)P(A) + P(C|B)P(B)$$
$$= 0.05 \times 0.6 + 0.10 \times 0.4 = 0.07 \tag{5.1}$$

つまり,7%となり,各工場での不良率などからして感覚的にも理解できる結果である.

つぎに,とり出した商品が不良品であるときに,これがどちらの工場でつくられたのかを示す確率 $P(A|C), P(B|C)$ を求めよう.これは,結果から原因を推定する問題と考えることもでき,ここでベイズの定理が力を発揮する.それでは,この場合におけるベイズの定理を導出しよう.

同時確率と条件付き確率の関係を思い出すと,下記がいえる.

$$P(A|C)P(C) = P(A : C) = P(C : A) = P(C|A)P(A) \tag{5.2}$$

これより,求めたい条件付き確率は,事象 C が起きる確率が 0 ではないとして,

$$P(A|C) = \frac{P(C|A)P(A)}{P(C)} \tag{5.3}$$

と書ける．さらに，全確率の公式の前提の条件を満たしているので，その公式を用いれば，

$$P(A|C) = \frac{P(C|A)P(A)}{P(C|A)P(A) + P(C|B)P(B)} \tag{5.4}$$

が導出できる．同様に，

$$P(B|C) = \frac{P(C|B)P(B)}{P(C|A)P(A) + P(C|B)P(B)} \tag{5.5}$$

である．式 (5.4), (5.5) が，この場合における**ベイズの定理**であり，これを用いると，与えられている情報を右辺に代入することで，求めたい条件付き確率は

$$\begin{aligned} P(A|C) &= 0.05 \times \frac{0.6}{0.07} \approx 0.43, \\ P(B|C) &= 0.10 \times \frac{0.4}{0.07} \approx 0.57 \end{aligned} \tag{5.6}$$

となる．これらの数字は，それぞれの工場での生産割合とはほぼ逆になっているが，これは不良率の違いの影響である．生産割合と不良率という二つの要素が，計算においても使われていることに留意してほしい．

例題 5.1 ◆ 上記の例で工場 A, B の生産割合は 6 : 4 のままで，不良率が 10%, 5% と入れ替わったときに，無作為にとり出した製品が不良品である確率，そして，不良品がどちらの工場でつくられたかを示す確率を求めよ．

解答 ◆ 上記の例と同様に考えることで，

$$\begin{aligned} P(C) &= P(C:A) + P(C:B) = P(C|A)P(A) + P(C|B)P(B) \\ &= 0.10 \times 0.6 + 0.05 \times 0.4 = 0.08 \end{aligned} \tag{5.7}$$

となり，8% と少し不良率は上昇している．これは，より多くを生産するほうの不良率が大きくなったため，妥当であると考えられる．

また，

$$\begin{aligned} P(A|C) &= 0.10 \times \frac{0.6}{0.08} = 0.75, \\ P(B|C) &= 0.05 \times \frac{0.4}{0.08} = 0.25 \end{aligned} \tag{5.8}$$

であり，これも不良率の上がった工場 A で不良品がつくられた確率が高まっている．しかし，本文で解説した場合と比べて，工場 A の不良率は 5% から 10% と倍になったが，原因である確率は 0.43 から 0.75 で倍になっていない．また，同様に工場 B の不良率は半分になったが，原因である確率は 0.57 から 0.25 と半分より小さくなった．ここでも不良率だけでなく，生産割合が影響しているのである．

5.2 ベイズの定理の一般化

ここでは，前節で導出したベイズの定理の一般化を行う．複数の原因 A_i ($i = 1, 2, \ldots, n$) は全確率の公式の条件，すなわち以下を満たす．

(i) たがいに排反である（すべての $i \neq j$ について，$A_i \cap A_j = \emptyset$）．
(ii) すべての i について $P(A_i) > 0$
(iii) $C \subset A_1 \cup A_2 \cup A_3 \cup \cdots \cup A_n$

ここで，(i) のたがいに排反とは，原因は A_i のうちのどれか一つだけであるということに対応する．そして，(ii) はそれぞれの原因の起きる確率が 0 ではないことを示す．このとき，ベイズの定理は前節の議論をなぞることで以下のように与えられる．

◆ ベイズの定理

A_i が全確率の公式の条件を満たすとき，次式が成り立つ．
$$P(A_j|C) = \frac{P(C|A_j)P(A_j)}{\sum_{i=1}^{n} P(C|A_i)P(A_i)} \tag{5.9}$$

これは，事象 C が起きたときの原因が A_j である条件付き確率 $P(A_j|C)$ を，原因の起きる確率 $P(A_j)$ と，原因を条件とする確率 $P(C|A_j)$ に結びつけている．実際の応用においては，右辺の情報もすべて与えられているわけではないことも多く，推定が必要となる．つまり，条件付き確率 $P(C|A_j)$ については，工場の不良率の例でみたように，往々にして経験や観測，そして実験などで統計的な情報を得ることができる．一方，$P(A_j)$ についての情報が与えられている場合もあるが，原因 A_j が自然現象などの場合には，この確率の推定や仮定をしなければならないこともままある．

例題 5.2 ◆ あるパソコンが不調になった．この症状としては，電源の不具合（事象 A_1），メモリーの不具合（事象 A_2），ハードディスクの不具合（事象 A_3）のどれか一つが原因であることがわかっている．また，それぞれの不具合がこの不調の症状を生み出す確率は，過去のデータから以下であるとわかっている．

$$A_1 : 0.3, \quad A_2 : 0.6, \quad A_3 : 0.9$$

しかし，この三つの不具合のうち，どれが起きているかはまったく不明である．それぞれが原因である確率を推定せよ．

解答 ◆ 式 (5.9) の一般化されたベイズの定理を用いて，パソコンの不調という事象 C を条件として，それぞれが原因である条件付き確率を求める．問題のなかの情報より，

$$P(C|A_1) = 0.3, \quad P(C|A_2) = 0.6, \quad P(C|A_3) = 0.9$$

であることはわかるが，それぞれの不具合の起きる確率 $P(A_1), P(A_2), P(A_3)$ については，情報がないので，すべて等しく 1/3 であると仮定する．すると，つぎのようになる．

$$P(C) = \sum_{i=1}^{3} P(C|A_i)P(A_i) = 0.3 \times \frac{1}{3} + 0.6 \times \frac{1}{3} + 0.9 \times \frac{1}{3} = 0.6 \tag{5.10}$$

さらに，ベイズの定理を用いて，この不調において A_1 が原因である条件付き確率は

$$P(A_1|C) = \frac{P(C|A_1)P(A_1)}{\sum_{i=1}^{3} P(C|A_i)P(A_i)} = \frac{0.3 \times (1/3)}{0.6} = \frac{1}{6} \tag{5.11}$$

となる．同様に，$P(A_2|C) = 2/6, P(A_3|C) = 3/6$ が得られる．

この推定においては，原因の起きる確率をすべて等しいと仮定したことから，確率 $P(A_1|C) : P(A_2|C) : P(A_3|C)$ の比率が，$P(C|A_1) : P(C|A_2) : P(C|A_3)$ の比率と同じになっていることに留意してほしい．

5.3 ベイズの定理と「意外な」確率

ここでは，「意外な」確率が，ベイズの定理から得られる例を解説しよう[†]．

空港に設置されている手荷物検査の機械が，ペットボトルに入った水などの液体を感知できる精度は 95% であるとする．最近は旅行者も気をつけるようになったので，実際に手荷物に液体が入っている確率は 1% であるとする．あるとき，実際にこの検査装置が作動した．このとき手荷物のなかに液体が入っている確率はどれだけか．

さて，この問題はよくありそうな設定だが，「精度が 95%」なら，液体が入っている確率も 95% と一般には考えられがちである．しかし，ベイズの定理を使うと，「意外な」結果となる．まず，題意を解釈して事象をつぎのように切り分けよう．

事象 A：手荷物のなかに液体が入っている，　事象 B：検査機械が作動する

すると，

$$P(A) = 0.01, \quad P(B|A) = 0.95, \quad P(B|A^c) = 0.05 \tag{5.12}$$

となる．ここで，求めたい確率は $P(A|B)$ であるので，ベイズの定理を使うと

$$\begin{aligned} P(A|B) &= \frac{P(B|A)P(A)}{P(B|A)P(A) + P(B|A^c)P(A^c)} \\ &= \frac{0.95 \times 0.01}{0.95 \times 0.01 + 0.05 \times 0.99} \approx 0.161 \end{aligned} \tag{5.13}$$

[†] 付録 A.4 では歴史的に有名な**モンティ・ホール問題**を紹介している．

が得られる．つまり，95%の精度の機械が作動しても，実際に液体が入っている確率は16%程度である．なぜ，このような低い確率になるのであろうか．これは，実際に手荷物に液体が入っている確率が1%と小さい事象の検出をしているからである．16%というのは精度の95%からすると小さいが，この検査をしなければ，手荷物に液体が入っている確率は1%であったのが，検査によって，その16倍になったと考えることができる．

例題 5.3 ◆ 上記の問題で，実際に手荷物に液体が入っている確率が1%ではなく50%であったとき，$P(A|B)$ はどうなるか．

解答 ◆ ベイズの定理を使うと

$$P(A|B) = \frac{P(B|A)P(A)}{P(B|A)P(A) + P(B|A^c)P(A^c)}$$
$$= \frac{0.95 \times 0.5}{0.95 \times 0.5 + 0.05 \times 0.5} = 0.95 \qquad (5.14)$$

となり，ここでは，機械の精度と同じ95%という数字が出てきた．これは，検査される事象 A が起きる確率が大きくなり，$P(A) = P(A^c)$ となった結果である．

実は上記の議論において，われわれはやや微妙な解釈を用いた．「精度が95%」というあいまいな表現から

$$P(B|A) = P(B^c|A^c) = 0.95$$

ということを一つの解釈として仮定したのである．このため，問題がこの解釈で厳密に成立するには，「手荷物に液体が入っているときも，入っていないときにも，正しく作動する確率が95%，誤作動する確率は5%」ということを述べなければならなかった．

つまり，「精度が何%」というときには，どのような実験や状況でそうなるのか注意が必要である．また，いわゆる「高精度」の機械や検査であっても，あまり起きない事象に関する判定では，実際に事象が起きる確率と精度とを混同しないような注意も必要である．

例題 5.4 ◆ 上記の問題と同じ条件と解釈で，今度は機械が作動しなかった．このとき，手荷物に液体が入っている確率を求めよ．

解答 ◆ これもベイズの定理を使うと，以下のように求められる．

$$P(A|B^c) = \frac{P(B^c|A)P(A)}{P(B^c|A)P(A) + P(B^c|A^c)P(A^c)}$$
$$= \frac{0.05 \times 0.01}{0.05 \times 0.01 + 0.95 \times 0.99} = 0.00053 \qquad (5.15)$$

検査によって液体が入っている確率は 0.05% 程度と，20 分の 1 程度になっている．まあ安心してよいレベルであろうか．

──────────── 章末問題 ────────────

5.1 ◆ あるチャリティーイベントで，1000 万円の匿名の寄付があったとき（事象 C），この寄付を行ったのが個人である（事象 A）か，団体である（事象 B）かを推定したい．金額から，この寄付をするにはある程度の財力が必要で，過去の経験などから，個人がこのレベルの寄付をする確率，すなわち条件付き確率 $P(C|A)$ は 0.1 である．さらに，団体であるときの条件付き確率 $P(C|B)$ は 0.3 であるとする．さらに，匿名であることから，個人か団体かはまったく判別がつかないとする．これは $P(A) = P(B) = 0.5$ と解釈できる．このとき，$P(A|C), P(B|C)$ をそれぞれ求めよ．

5.2 ◆ インフルエンザなど，ある感染症の感染検査を行う．この検査では，この感染症にかかっているときに陽性反応を出す確率が 90% で，感染症にかかっていないときに陽性反応を誤って出す確率は x [%] であるとする．この感染症にかかっている人の割合が 10% であると見込まれるとき，検査で陽性反応だった人が，実際にこの感染症にかかっている確率を $x = 1, 10, 30$% のそれぞれについて求めよ．

5.3 ◆ ある出張で，バスで駅まで行き，電車に乗り，最後にタクシーに乗って，目的地に着いた．ここで，小銭入れが手元になく，三つの乗り物のどこかで落としたことに気がついた．それぞれの乗り物に個別に乗ったときに落とす確率が，すべて等しく p であると仮定できるとして，今回の出張の乗り継ぎで，それぞれの乗り物で小銭入れを落とした条件付き確率を求めよ．また，$p = 0.1$ と $p = 0.5$ での条件付き確率の値をそれぞれ計算せよ．

6 確率変数と確率分布

　ここまで，確率は事象の生起に関して考察される概念として，話を進めてきた．粗くいえば，確率は事象の集合や集合族（集合の集合）の上で定義される「集合関数」として考えることができる．しかし，集合を扱うよりも，何か数値的な変数でラベル付けをして考えるほうが便利な場合も多々存在する．そのようにラベル付けをした変数は，ある値をとるのではなく，もともとの事象の確率を反映して確率的にいろいろな値をとり，確率変数とよばれる．本章では，この確率変数とその分布について紹介していく．（参考文献：[14, 17, 21]）

6.1　確率変数

　もともとの事象の確率を反映して確率的にいろいろな値をとる変数を**確率変数**という．

　それでは，具体的な例から確率変数について考えてみよう．どの目も等確率で出るサイコロを1回ふることを考える．このとき，サイコロの目は $\{1, 2, 3, 4, 5, 6\}$ のいずれかの値（これを x とする）をとるので，出る目を確率変数 X とすると，確率変数のとりうる値は六つで，各値の出る確率は等しく $1/6$ である．

　一方，同じサイコロを1回ふることに対して，違う確率変数を考えることもできる．たとえば，奇数が出るときには -1，偶数が出るときには $+1$ をとるような確率変数 Y を考える．すると，この確率変数は $\{-1, +1\}$ の二値しかとらず，それらをとる確率は等しく $1/2$ である．

　同様に，確率変数 Z を考えて，これは3以下の目では -1，それ以外は $+1$ をとるとすると，この確率変数も $\{-1, +1\}$ の二値しかとらず，それらをとる確率は等しく $1/2$ である．

　すると，Y と Z はどちらも同じ値 $\{-1, +1\}$ を等しい確率で出現させる．このレベルでは両者に違いはない．しかし，この二つの確率変数を生み出しているサイコロをふるという事象に立ち戻れば，これらは別の確率変数である．たとえば，2の目が出るときには，$Y = +1, Z = -1$ と違う値をとる（表6.1参照）．

　このように，同じ実験や状況に対して，複数の確率変数を考えることができる．さ

表 6.1　サイコロの目 X と確率変数 Y, Z の対応

X	1	2	3	4	5	6
Y	-1	$+1$	-1	$+1$	-1	$+1$
Z	-1	-1	-1	$+1$	$+1$	$+1$

らに，上記の Y, Z のように，同じ値や確率をとりうるが，異なる確率変数も導入できる．また，一般には，これらの確率変数の間には何らかの関係が存在する．確率変数とその分布が与えられたところから問題を考えることもあるが，確率変数の背景にある事象や根元事象についてさかのぼって考えることもある．

例題 6.1 ◆ 上記のサイコロ投げにおいて，新しい変数 $S = Y + Z$ を考え，この確率変数のとりうる値と，その値をとる確率を求めよ．

解答 ◆ 表 6.1 を拡張して表 6.2 をつくると，S は $\{-2, 0, 2\}$ をそれぞれ確率 $1/3$ でとる確率変数であることがわかる．

表 6.2　サイコロの目 X と確率変数 Y, Z, S の対応

X	1	2	3	4	5	6
Y	-1	$+1$	-1	$+1$	-1	$+1$
Z	-1	-1	-1	$+1$	$+1$	$+1$
S	-2	0	-2	2	0	2

別の具体的な例を考えてみよう．偏りのないコインを独立に 8 回投げる．表が出るときには H，裏が出るときには T を記録して，これを一つの根元事象とする．すると，その集合は $\Omega = \{HHHHHHHH, THHHHHHH, HTHHHHHH, \ldots\}$ のように，一つが 8 文字からなる $2^8 = 256$ 個の要素を含む．さて，仮定より，このそれぞれの事象が起きる確率は等しく $1/2^8$ である．これを基本として，この集合の上でのさまざまな事象の確率を計算することができる．

しかし，すでにサイコロ投げでとりあげたように，多くの場合，この全部の要素の委細に立ち戻って考えなくても，適切なラベル付けをすることで，より簡単に考えることができる．

また，ラベルの数値化も往々にして便利である．たとえば，上記でも「表の出る回数 X」や「表の回数から裏の回数を引いた数 Y」などを確率変数として考えるとしよう．このときには，X のすべての場合を含む集合 $\Omega' = \{0, 1, 2, 3, 4, \ldots, 8\}$ は 9 個の要素をもち，同様に，Y についても $\Omega'' = \{0, \pm 2, \pm 4, \pm 6, \pm 8\}$ と同じく 9 個の要素をもつ．これらのそれぞれの数値が出現する確率は，もちろんもとの根元事象の組合せとして考えることができる．さらに，数値化したことで，サイコロ投げの例でもと

りあげたように，$Z = X - Y, W = XY$ などの別の確率変数についても考えられる．このときには，もとの根元事象について立ち戻る場合と，X, Y についての情報だけで十分である場合がありうる．

このような X, Y を確率変数とよぶのである．より数学的には，確率変数 X は，集合から数（実数，複素数など）の集合への写像 $X : \Omega \to \Omega'$ であり[†]，もとの根元事象の確率を反映して，具体的な値をとる確率が決まる．

例題 6.2◆ 上記のコイン投げにおいて，X, Y がとる値と，その値をとる確率をそれぞれを求めよ．

解答◆ まず，X について考えよう．もとの根元事象の起きる確率は等しいので，8 回のコイン投げのなかで表の出る回数 $0, 1, 2 \ldots$ の組合せを計算すればよい．これは，表 6.3 のようになることが確認できる．なお，X はその他の値をとることはない．つまり，表にない値をとる確率は 0 である．

表 6.3　X の組合せと確率

X	0	1	2	3	4	5	6	7	8
組合せ	1	8	28	56	70	56	28	8	1
確率	1/256	1/32	7/64	7/32	35/128	7/32	7/64	1/32	1/256

同様に，Y についてもそれぞれの値に対応する根元事象の組合せを求めると，表 6.4 のようになる．

表 6.4　Y の組合せと確率

Y	-8	-6	-4	-2	0	2	4	6	8
組合せ	1	8	28	56	70	56	28	8	1
確率	1/256	1/32	7/64	7/32	35/128	7/32	7/64	1/32	1/256

例題 6.2 で X と Y は同じ実験に関する異なる確率変数であることに再度注意してほしい．それゆえ，この二つの変数には関係があり，この例の場合では，つぎの例題 6.3 にあるように，1 対 1 対応になっている（例題 6.1 のサイコロ投げでは，1 対 1 対応ではないことにも留意しよう）．

例題 6.3◆ 例題 6.2 において，$X - Y$ がとる値と，その確率をそれぞれ計算せよ．

解答◆ この問題においては，同じ実験に関する確率変数であるので，X と Y のとる値の間には関係がある．事実，少し考えれば，表 6.5 ように 1 対 1 に対応していることがわかる．また，確率も同様に与えられる．

[†] 確率変数の概念はより広い意味でも使われるが，ここでは数値への写像として扱う．

表 6.5　$X - Y$ の組合せと確率

X	0	1	2	3	4	5	6	7	8
Y	-8	-6	-4	-2	0	2	4	6	8
$X - Y$	8	7	6	5	4	3	2	1	0
組合せ	1	8	28	56	70	56	28	8	1
確率	1/256	1/32	7/64	7/32	35/128	7/32	7/64	1/32	1/256

気づいた読者も多いと思うが，実は，この確率変数 $X - Y$ は，「裏の出る回数」となっている．

もし，X と Y が，同じ実験でなく，まったく関係のない二つの実験の事象に対応していたらどうなるだろうか．このときには，$X - Y$ のとりうる値も，確率も，上記とは異なる．この問題は章末問題 6.1 にゆずるので，興味があれば解いてほしい．確率変数が，どのような実験や事象に対応して定義されているのかについても，注意する必要がある．

6.2　確率分布と確率密度関数

確率変数 X が与えられたとき，X が値 x をとる確率 $P(X = x) \equiv P(X)$ は，X の関数となる．この関数を**確率分布**とよぶ．

まず，X が離散的な値のみをとるとしよう．たとえば，前節のコイン投げの例では，表の出る回数は 9 個の値をとり，このときに，それぞれの X の値に対する確率の表（表 6.3）をつくった．これにより，X の確率分布 $P(X)$ が得られた．グラフにすると，図 6.1 のようになる．

一方，X が連続的な値をとるとしよう．たとえば，連続する実数をとるとき，話は少し複雑になるが，ある関数 $f(x)$ を考え，確率はその積分として考える．すなわち，$f(x)$ は実数全体の集合 $\mathbb{R}$ 上の関数 $f(x)$ で，以下の三つの条件を満たすとする．

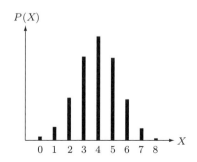

図 6.1　8 回コインを投げたときの表の出る回数の確率分布

(i) 任意の $x \in \mathbb{R}$ について，$f(x) \geq 0$ が成り立つ．つまり，負にならない関数である．

(ii) 任意の $a, b \in \mathbb{R}$ について，集合 $A = \{x \in \mathbb{R} \ (a < x < b)\}$ についての積分値

$$\int_A f(x)\,dx = \int_a^b f(x)\,dx \tag{6.1}$$

がある有限の値に定まる．

(iii)
$$\int_{-\infty}^{+\infty} f(x)\,dx = 1 \tag{6.2}$$

が成り立つ．

ここで，実数 $\mathbb{R}$ に含まれる集合 A 上の積分が，ある有限の値となり，A のなかのいずれかの要素が生じる確率は

$$P(A) = \int_A f(x)\,dx \tag{6.3}$$

として定義される．このような $f(x)$ を**確率密度関数**という．図 6.2 に例を示したが，集合 A はつながっていない範囲であってもかまわない．また，この場合，確率は面積の和である．

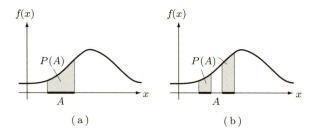

図 6.2 確率密度関数と集合 A の確率（灰色部分の面積）の例

注意するべきは，$f(x)$ 自身は確率ではなく，積分として定義された $P(A)$ が確率ということである．

このように，離散の場合と連続の場合を別々に考えることは便利であり，本書でもそのようにする．しかし，整合性がとれない部分もある．積分による定義に従うと，ある一点 $(x = a)$ における確率は

$$P(a) = \int_a^a f(x)\,dx = 0 \tag{6.4}$$

のように，0 となってしまうからである．さらに，実数上での離散的な集合，たとえ

ば $A = \{a_1, a_2, \ldots\}$ の確率も $P(A) = 0$ となってしまう．このような例としては，A が自然数全体や有理数全体の場合などがある．

技術的になるが，このような離散的な集合（たとえば自然数）上で考えられた確率を，実数上で考えるためには，確率密度関数の概念を拡張する．そのために，特殊な性質をもつ**デルタ関数** $\delta(x)$ という関数を用いる．これは

$$\delta(x) = \begin{cases} \infty & (x = 0) \\ 0 & (x \neq 0) \end{cases} \tag{6.5}$$

のように，原点以外では 0 となり，また，任意の連続関数 $h(x)$ について，

$$\int_{-\infty}^{+\infty} h(x)\delta(x)\,dx = h(0) \tag{6.6}$$

となるような関数である．とくに，$h(x) = 1$ のとき，デルタ関数の積分は 1 となる．

$$\int_{-\infty}^{+\infty} \delta(x)dx = 1 \tag{6.7}$$

デルタ関数を用いると，自然数をとる確率変数の確率密度関数を，実数上に定義することもできる．

例題 6.4 ◆ 確率 $1/3$ で $x = 0$，確率 $2/3$ で $x = 1$ をとる確率変数の確率密度関数を，デルタ関数を用いて求めよ．

解答 ◆ 下記のように，これは $x = 0$ と $x = 1$ で 0 とならないデルタ関数を用いて表現できる．

$$f(x) = \frac{1}{3}\delta(x) + \frac{2}{3}\delta(x-1) \tag{6.8}$$

なお，式 (6.8) を $x = 0$ の周囲で積分すると，

$$\int_{-0.1}^{+0.1} f(x)\,dx = \frac{1}{3}\int_{-0.1}^{+0.1} \delta(x)\,dx = \frac{1}{3}$$

となり，確率 $1/3$ が得られる．同様に，$x = 1$ の周囲でも積分して確率 $2/3$ が得られることを確認してほしい．

通常の確率密度関数に，上記のような $\delta(x)$ を用いた表現も含めて，「一般化された確率密度関数」ともいうが，本書では「一般化された」を省略して使う．これにより，確率変数が連続と離散をともに含むような状況にも対応できる．しかし，量子力学などの場合を除いて，われわれの周囲の現実には，連続と離散が混在するような確率変数を扱うことはあまり多くない．本書でも，おもに別々に取り扱う．また，ときとし

て，確率密度関数のことも分布とよぶことがある（たとえば，後に出てくるガウス分布）が，これは文脈や確率変数の性質から，確率密度であるのか確率であるのかが明確な場合も多い．

6.3 累積分布関数

現実の問題を考えるときに，確率変数がある決められた範囲の値をとる確率を考えるだけでなく，ある「しきい値」以下の値をとる確率を考えたいことがある．たとえば，「翌月に，雪の降る日が12日以下である確率」，「あるグループ内でだれか1人を選んだときに，その人が20歳以下である確率」などである．このような状況には，累積分布関数という概念で対応する．

実数上で確率変数 X の（一般化された）確率密度関数 $f(x)$ が与えられたとき，$P(X \leq a) \equiv F(a)$ を**累積分布関数**とよび，つぎのように定義する．

$$F(a) \equiv P(X \leq a) = \int_{-\infty}^{a} f(x)\,dx \tag{6.9}$$

図 6.3 に，この関数の概念図を示す．ここで注意してほしいのは，この関数 $F(a)$ は確率であり，しきい値 a の関数ということである．a の値が変わることで，$F(a)$ の値である灰色部分の面積が変化する．

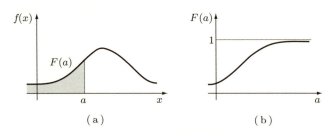

図 6.3　累積分布関数の概念図

このように定義された $F(a)$ は，以下の性質をもつ．

(i) $0 \leq F(a) \leq 1$
(ii) $F(-\infty) = 0,\quad F(+\infty) = 1$
(iii) 単調非減少関数

関数の性質としては，ある意味で確率密度関数よりも扱いやすく，この累積分布を確率分布として議論する本も多い．

さらに，累積分布関数で $a \to x$ と置き換えると，

$$F(x) = \int_{-\infty}^{x} f(x') \, dx' \tag{6.10}$$

となる．$F(x)$ が微分可能な場合，積分と微分の関係を使えば，この関係は

$$f(x) = \frac{dF(x)}{dx} \tag{6.11}$$

となる．

なお，離散値 $x_1 \leq x_2 \leq \cdots$ をとる確率変数の場合にも，累積分布関数 $F(x)$ は次式のように定義できるが，そのグラフは一般には連続とはならずに，階段のような形となるので，少し注意が必要である（図 6.4 参照）．

$$F(x) = \sum_{i=1}^{k^*} P(x_i) \quad (x_{k^*} \leq x < x_{k^*+1}) \tag{6.12}$$

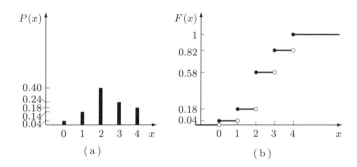

図 6.4 離散値をとる変数の確率分布と，対応する累積分布関数の例

また，やや技術的になるが，デルタ関数の累積分布関数は，以下のような**しきい値関数**となる．

$$F(x) = \Theta(x) = \begin{cases} 1 & (x \geq 0) \\ 0 & (x < 0) \end{cases} \tag{6.13}$$

これは，一般化された確率密度関数と，累積分布関数の関係の整合性をとるため，役に立つ．逆に，このしきい値関数の「微分」として，デルタ関数をとらえる考え方もあるが，詳細は専門書にゆずる．

例題 6.5 ◆ 例題 6.4 でとりあげた確率 $1/3$ で $x=0$，確率 $2/3$ で $x=1$ をとる確率変数の，累積分布関数を求めよ．

解答 ◆ これは，離散的な場合で，下記のように階段型になる．

$$F(x) = \begin{cases} 0 & (x < 0) \\ \dfrac{1}{3} & (0 \leq x < 1) \\ 1 & (1 \leq x) \end{cases} \tag{6.14}$$

上で述べた，しきい値関数と，その微分としてのデルタ関数を使うと，一般化された確率密度関数 $f(x)$ が，$F(x) = \dfrac{1}{3}\Theta(x) + \dfrac{2}{3}\Theta(x-1)$ の「微分」として下記のように得られる．図示すると，図 6.5 のようになる．

$$f(x) = \frac{1}{3}\delta(x) + \frac{2}{3}\delta(x-1) \tag{6.15}$$

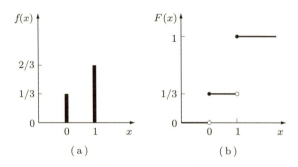

図 6.5　例題 6.5 の解の確率分布と累積分布関数

章末問題

6.1◆ 2人で，偏りのないコインをそれぞれ 8 回ずつ投げるとする．X をそのうちの 1 人のコイン投げで表の出る回数，そして，Y を別の人のコイン投げで，表の出る回数から裏の出る回数を引いた数とするとき，$X - Y$ の要素をあげよ．また，$X - Y = 6$ となる確率を計算せよ．さらに，例題 6.3 の値と比べよ．

6.2◆ 表が出る確率 p，裏の出る確率 $1-p$ の独立したコイン投げを n 回行ったとき，表の出る回数を Y_n とする．実数 $\mathbb{R}$ 上で，Y_n の一般化された確率密度関数を求めよ．

6.3◆ ある確率変数の累積分布関数 $F(x)$ が下記で与えられるとき（λ は正の定数），その確率密度関数 $f(x)$ を求めよ．

$$F(x) = \begin{cases} 1 - e^{-\lambda x} & (x \geq 0) \\ 0 & (x < 0) \end{cases}$$

7 確率分布の実例と性質

　この章では代表的な確率分布を紹介する．すでにみたように，確率変数が，連続値をとるか，離散値をとるかによって，「確率分布」とよばれるものが，確率密度関数であったり，確率自身の値の集まりであったりする．しかし，離散と連続の場合での違いはそれほど気にせず，必要に応じて思い起こしてもらえばよい．離散的な場合は事象の生起や関連する数を，そして，連続的な場合は実験などの観測値をイメージしてもらうと，以下の代表的な確率分布を理解する際の助けになるかと思う．（参考文献：[14, 17, 18, 21]）

7.1 離散的な確率分布

　確率変数が離散的な値をとる場合の代表的な確率分布は，二項分布とポアソン分布であり，どちらもコイン投げのような独立な事象の生起を，おもな対象としている．

7.1.1 二項分布

　二項分布については，すでに独立したコイン投げのところで考察しているが，ここでも紹介しよう．二項分布は，事象の結果が二つの場合によく使われる．

　独立したコイン投げで，二つの結果表 (H)，裏 (T) の出る確率が，それぞれの試行で

$$P(H) = p, \quad P(T) = 1 - p \tag{7.1}$$

であると考える．式 (7.1) は，1 回のコイン投げで H か T が（1 回）出るときの確率分布である．

　さらに，これを拡張して，コイン投げを n 回繰り返すとき，H の出る回数を確率変数 X とする．すると，その確率分布は以下で与えられる．

$$P(X = x) = {}_n\mathrm{C}_x\, p^x (1-p)^{n-x} = \binom{n}{x} p^x (1-p)^{n-x} \quad (x = 0, 1, 2, \dots) \tag{7.2}$$

　この確率分布を**二項分布**とよび，$B_i(n, p)$ と表記することが多い．式 (7.2) は，n と p が決まれば，一つに定まる関数であることに留意されたい．いくつかの例を，図 7.1 に示した．

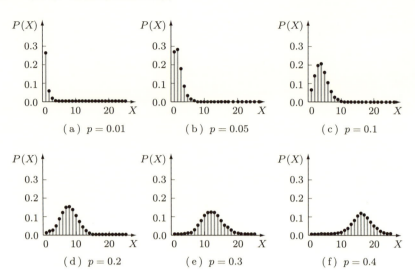

図 7.1 二項分布 $B_i(n, p)$ の例．$n = 40$ として p の値を変化させた．

例題 7.1 ◆ 確率変数 X が，二項分布 $B_i(8, 0.5)$ に従うとき，確率分布を計算せよ．
解答 ◆ この問題の意味を考えてみると，X は例題 6.2 でとりあげた等確率で表裏の出る 8 回のコイン投げにおいて，表の出る回数をとる確率変数と考えられる．すなわち，X は前出のように表 7.1 の確率分布をもつ．

表 7.1 X の値と確率

X	0	1	2	3	4	5	6	7	8
確率	1/256	1/32	7/64	7/32	35/128	7/32	7/64	1/32	1/256

7.1.2 ポアソン分布

ある事象が起きるか起きないかを観測しよう．実験をたくさん繰り返してもよいし，ある一定の時間観測を続けてもよい．そのなかで，ある事象が起きることが観測の総量や時間に対してまれで，また各生起が独立であるときに，つまり生起確率が低く独立なときに，事象が起きる数は下記の**ポアソン分布**に従うことが多い．

$$P(X = x) = e^{-\lambda} \frac{\lambda^x}{x!} \quad (x = 0, 1, 2, \dots) \tag{7.3}$$

また，ポアソン分布は $P_o(\lambda)$ と表記することがある．後に述べるが，λ は一定時間の事象発生数などのような，事象発生数の「平均」である．λ の値が決まれば，ポアソン分布は一つに決まる．いくつかの例を図 7.2 に示した．

二項分布とポアソン分布はどちらも独立である事象の生起（事象の結果が二つの場

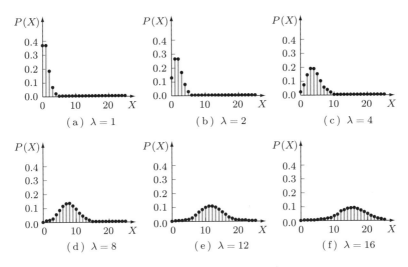

図 7.2 ポアソン $P_o(\lambda)$ の例. λ の値を変化させた.

合) に関しての分布であるので，その間には密接な関係がある．実際，図 7.1 と図 7.2 はグラフの形も似ている．

◆ ポアソンの定理

$n \to \infty$ のとき，$p \to 0, np \to \lambda$ ($\lambda > 0$) となるならば，任意の x に対して，$n \to \infty$ のとき以下が成り立つ．

$$B_i(n, p) = {}_nC_x p^x (1-p)^{n-x} \approx e^{-\lambda} \frac{\lambda^x}{x!} = P_o(\lambda) \tag{7.4}$$

これは，偏りのあるコインを使って非常に大きな回数のコイン投げを行ったとき，表の出る確率が低いが，その回数の「平均」があまり大きくないある一定値 λ になるならば，二項分布はポアソン分布で近似できることを意味する．

この証明についてはほかの教科書を参照してほしいが，実際に計算機を用いて調べてみると，下記の例題 7.2 のようになり，二項分布の数値や分布の形がポアソン分布に近づくことがみてとれる．

例題 7.2 ◆ 二項分布とポアソン分布の比較をしよう．ポアソン分布で $\lambda = 4.0$ の $P_o(4.0)$ に，二項分布で $np = 4.0$ となる $B_i(10, 0.4), B_i(20, 0.2), B_i(100, 0.04)$ に従う確率変数が，$x = \{0, 1, 2, \ldots, 8, 9, 10\}$ となる確率を計算機を使って計算せよ．

解答 ◆ 定義に従って，小数第 3 位まで計算した表が表 7.2 である．$np = 4.0$ と固定したときに，n が大きくなるのに従って，二項分布の数値が，ポアソン分布の数値により近づい

表7.2 二項分布とポアソン分布の比較

x	0	1	2	3	4	5
$B_i(10, 0.4)$	0.006	0.040	0.121	0.215	0.251	0.201
$B_i(20, 0.2)$	0.012	0.058	0.137	0.205	0.218	0.175
$B_i(100, 0.04)$	0.017	0.070	0.145	0.197	0.199	0.160
$P_o(4.0)$	0.018	0.073	0.147	0.195	0.195	0.156
x	6	7	8	9	10	
$B_i(10, 0.4)$	0.111	0.042	0.011	0.002	0.000	
$B_i(20, 0.2)$	0.109	0.055	0.022	0.007	0.002	
$B_i(100, 0.04)$	0.105	0.059	0.029	0.012	0.005	
$P_o(4.0)$	0.104	0.060	0.029	0.013	0.005	

ていくことがみてとれる．また，図7.3に表7.2のグラフを示した．二項分布で分布の形，とくに，「山のとがり」の程度が変化して，ポアソン分布の形に近づくことがわかる．

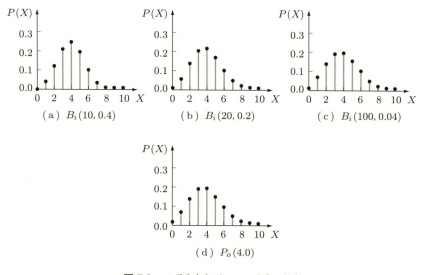

図7.3 二項分布とポアソン分布の比較

7.2 連続的な確率分布

ここでは，確率変数が，実数の連続値をとるときの確率密度関数を考えよう．すでに述べたように，確率密度関数を積分したものが確率なので，離散値の場合とは違いがあるが，この密度関数についても「分布」とよぶのが一般的である．しかし，同じ分布でも，確率密度関数の積分が確率となることには，つねに注意してほしい．

7.2.1 一様分布

ある範囲のなかではどの値も同じ確率で出るような確率変数の確率分布を，**一様分布**という．また，

$$f(x) = \begin{cases} \dfrac{1}{b-a} & (a \leq x \leq b) \\ 0 & (\text{上記以外}) \end{cases} \tag{7.5}$$

は区間 $[a,b]$ 上の一様分布に従う確率変数の確率密度関数となる（図 7.4 参照）．

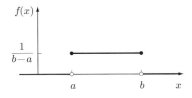

図 7.4 区間 $[a,b]$ 上の一様分布

また，ある範囲の値となる確率も，すでに述べたように積分を用いて求めることができる．たとえば，$A = \{0.1 \leq x \leq 0.5\}$ が区間 $[a,b]$ に含まれていれば，確率変数 X が A の範囲内の値をとる確率はつぎのようになる．

$$P(A) = \int_{0.1}^{0.5} \frac{1}{b-a}\,dx = \frac{0.4}{b-a} \tag{7.6}$$

なお，多くのコンピュータのプログラム言語では，近似的にこの一様分布に従う確率変数の値を打ち出すコマンド（とくに，$(0,1)$ の範囲での乱数生成コマンド）として，一様乱数が用意されている．

例題 7.3 ◆ 式 (7.5) の一様分布で，$a = -0.5, b = 0.5$ としよう．ここで，確率変数のとる値が下記の範囲であるとき，それぞれの確率 $P(A), P(B), P(C)$ を求めよ．

$$A = \{-0.8 \leq x \leq 0.1\}, \quad B = \{-0.2 \leq x \leq 0.4\}, \quad C = \{-0.1 \leq x \leq 0.6\}$$

解答 ◆ この問題は式 (7.6) のように，それぞれの範囲で積分をすればよいが，その範囲が $[a,b]$ に収まっていない部分の確率は，0 であることに留意する．たとえば，

$$P(A) = \int_{-0.8}^{0.1} \frac{1}{b-a}\,dx = \int_{-0.5}^{0.1} \frac{1}{b-a}\,dx = \frac{0.6}{b-a} = 0.6 \tag{7.7}$$

であり，ほかも同様に計算すると，すべて同じ $P(A) = P(B) = P(C) = 0.6$ を得ることができる．

7.2.2 正規分布

正規分布は**ガウス分布**ともよばれて，ある条件の下ではさまざまな事象に関して広く適用できるため，確率分布のなかでももっとも重要な分布といえる．そのため，下記の確率密度関数の式の形（ガウス型）は，記憶するに値する．

$$f(x) = \frac{1}{\sqrt{2\pi\sigma^2}} e^{-\frac{(x-m)^2}{2\sigma^2}} \tag{7.8}$$

これを平均 m，分散 σ^2 の正規分布とよび，$N(m, \sigma^2)$ と表記する．また，$\sigma(>0)$ を標準偏差とよぶ．

とくに，$m = 0, \sigma^2 = 1$ の正規分布を**標準正規分布**といい，$N(0,1)$ と表記する．また，標準正規分布の確率密度関数をつぎのように表す．

$$f(x) = \frac{1}{\sqrt{2\pi}} e^{-\frac{x^2}{2}} \tag{7.9}$$

さらに，

$$\int_{-\infty}^{+\infty} e^{-\frac{x^2}{2}} dx = \sqrt{2\pi} \tag{7.10}$$

となることを用いると，式 (7.8) と式 (7.9) のいずれについても

$$\int_{-\infty}^{+\infty} f(x)\, dx = 1 \tag{7.11}$$

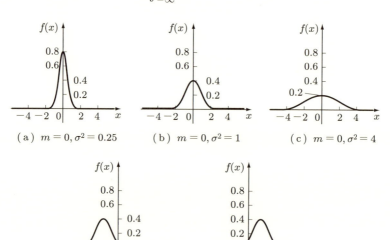

図 7.5　正規分布 $N(m, \sigma^2)$ の例

であることが確認できる．

分布の形状としては，左右対称の山のような形をしており，σ が大きくなると幅が広がり，m が変わると山の中央の位置がずれる（図 7.5 参照）．

例題 7.4◆ 例題 7.1 でコイン投げを 8 回繰り返したときに，表の出る回数を確率変数 X とすると，その確率分布は二項分布 $B_i(8, 0.5)$ であることを示した．コイン投げの回数 n を増やして $n = 64$ としたときの二項分布 $B_i(64, 0.5)$ の確率分布を，計算機を用いて計算し，結果をグラフにして正規分布 $N(32, 16)$ と形が似ていることを確認せよ．

解答◆ 二項分布の定義に従って，以下を計算してグラフにすると，図 7.6(a) のようになる．また，正規分布 $N(32, 16)$ もグラフにすると同図 (b) のようになる．

$$P(X = x) = {}_{64}C_x \left(\frac{1}{2}\right)^{64} = \binom{64}{x}\left(\frac{1}{2}\right)^{64} \quad (x = 0, 1, 2, \ldots) \tag{7.12}$$

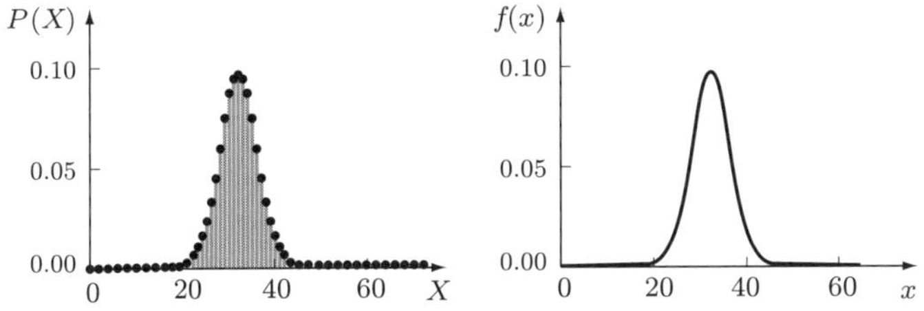

(a) $B_i(64, 0.5)$　　　　(b) $N(32, 16)$

図 7.6　二項分布と正規分布の比較

図 7.6 のように，分布の形が似ていることは，二項分布と正規分布に関係があることを示している．実際，十分に大きい n において，二項分布 $B_i(n, p)$ は正規分布 $N(np, np(1-p))$ に近づくことが，ド・モアブル – ラプラスの定理として知られている．定理の詳細や証明は少し込み入るので専門書にゆずるが，おおまかには，回数 n の値が大きい二項分布は正規分布に近づくと考えてもらえばよい．

7.2.3　指数分布

非負の実数 $[0, \infty)$ 上で，確率密度関数

$$f(x) = \lambda e^{-\lambda x} \quad (\lambda > 0 \text{ は定数}) \tag{7.13}$$

をもつ確率変数が従う確率分布を**指数分布**という[†]（図 7.7 参照）．指数分布は，過去

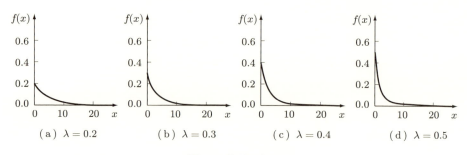

図 7.7　指数分布の例

にある事象が起きたことが将来に起きることと無関係な，つまり，「記憶」のない事象の生起の間の待ち時間の分布としてよく現れる．

例題 7.5 ◆ 表が出る確率が p で，裏の出る確率が $1-p$ であるコインを，繰り返し投げることを考える．ここで，投げ始めてから初めて表が出るまでの投げる回数を確率変数 X として，この実験を何度も繰り返す．たとえば，裏，裏と出た後に 3 回目で初めて表が出たら，$X = 3$ である．計算機を用いて，$p = 0.2, p = 0.3, p = 0.4, p = 0.5$ のときに，この X の確率分布を計算してグラフにせよ．ただし，$0 \leq X \leq 25$ とする．

解答 ◆ 計算機を用いて，それぞれの X を 10000 個記録する実験を繰り返し行い，それらの出る割合から確率を求めて，図 7.8 に棒グラフで示した．このグラフが，指数分布と近似的に同じ形をしていることを確認してほしい．

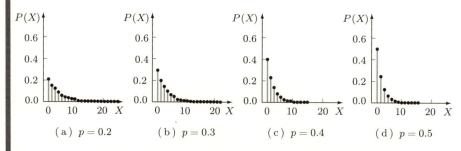

図 7.8　コイン投げで初めて表が出るまでの時間の確率分布

---

† 実数全体で定義する場合，x が負の部分については $f(x) = 0 \ (x < 0)$ とする．

7.3 複数の確率変数と分布

確率変数と分布の性質について，いくつか解説する．とくに，複数の変数について扱うときの概念や手法を，すでに行った事象における確率の場合と対比しながら考えてもらいたい．

7.3.1 同時確率密度関数と周辺確率密度関数

まず，実数をとる二つの確率変数 X, Y を考えて，その間の関係を考察していこう．話はやや複雑になるようにみえるが，実質的には，すでに事象の確率で行ったことを，確率変数に対して同様に行うということである．

まず，実数平面 $\mathbb{R}^2$ の任意の部分集合 A（図7.9(a) 参照）で，確率変数の値 $X = x, Y = y$ が $(x, y) \in A$ となる確率を $P(A)$ としよう．ここで，

$$P(A) = \iint_A f(x, y)\, dx\, dy \tag{7.14}$$

となる $f(x, y)$ が存在するとき，この $f(x, y)$ を**同時確率密度関数**という．これは，一つの変数のときと同様に，以下の性質をもつ．

> (i) 任意の $x, y \in \mathbb{R}$ について，$f(x, y) \geq 0$ が成り立つ．つまり，負にならない関数である．
> (ii) 式 (7.14) が有限の値に定まる．
> (iii)
> $$\int_{-\infty}^{\infty} \int_{-\infty}^{\infty} f(x, y)\, dx\, dy = 1$$
>
> が成り立つ．

つぎに，この $f(x, y)$ について考えよう．そのためにある実数の範囲，$U \in \mathbb{R}$ を用いて，実数平面上に帯状の領域 $B = U \times (-\infty, +\infty) \in \mathbb{R}^2$ を考える（図7.9(b) 参照）．ここで，$f(x, y)$ をこの領域について積分すると

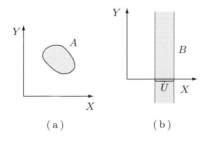

図 7.9 二つの確率変数の積分領域の例

$$P(B) = \int_U \int_{-\infty}^{+\infty} f(x,y)\,dx\,dy \tag{7.15}$$

を得る．一方，この領域 B について考えると，y についてはどのような実数をとってもよいので，結局，実数 x が U の範囲にあるということである．よって，$f_X(x)$ を確率変数 X の確率密度関数とすれば，$x \in U$ となる確率はやはり $P(B)$ に等しく，以下で与えられる．

$$\int_U f_X(x)\,dx = P(B) = \int_U \int_{-\infty}^{+\infty} f(x,y)\,dx\,dy \tag{7.16}$$

この両辺を比べれば，積分される関数が等しい必要があるので，

$$f_X(x) = \int_{-\infty}^{+\infty} f(x,y)\,dy \tag{7.17}$$

となる（この式を式 (7.16) の左辺に代入することでも確認できる）．同様の議論を用いることで，確率変数 Y の確率密度関数 $f_Y(y)$ を得る．

$$f_Y(y) = \int_{-\infty}^{+\infty} f(x,y)\,dx \tag{7.18}$$

すでに述べたように，$f(x,y)$ は，存在するなら任意の領域の積分によって，その領域内の値をとる確率を与える密度関数なので，式 (7.17), (7.18) の性質を一般にもつ必要がある．この性質は同時確率密度関数 $f(x,y)$ の一つの変数について実数全体の積分をすると，もう一方の変数の確率密度関数を得られるということである．この「残り物」にあたるため，$f_X(x), f_Y(y)$ を**周辺確率分布**（**周辺確率密度関数**）とよぶ．

つまり，複数の確率変数の同時確率密度関数を知っていれば，注目する変数の（周辺）確率密度関数は，ほかの変数についての積分をとることで計算できる．しかし，個々の確率密度関数だけからは，同時確率密度関数を求めることができない．つまり，確率変数に関してより多くの情報を含んでいるのが同時確率密度関数であることを理解してほしい．

また，離散値をとる確率変数で，同時確率分布から周辺確率分布を求めることも同様に行うことができる．この場合，積分は確率変数がとりうる離散値の全体の和に置き換わる．

$$P(X) = \sum_Y P(X:Y), \quad P(Y) = \sum_X P(X:Y) \tag{7.19}$$

例題 7.6 ◆ X と Y がそれぞれ，$-1, 1$ の値をとる確率変数であり，その同時確率分布は下記で与えられている．このとき，周辺確率分布を求めよ．

$$P(X=1:Y=1) = \frac{1}{10}, \quad P(X=1:Y=-1) = \frac{1}{5},$$
$$P(X=-1:Y=1) = \frac{3}{10}, \quad P(X=-1:Y=-1) = \frac{2}{5} \quad (7.20)$$

解答◆ これは本節の議論にそって，ほかの変数の値について和をとることで，下記のように求められる．

$$\begin{aligned}P(X=1) &= \sum_{Y=-\infty}^{+\infty} P(X:Y) \\ &= P(X=1:Y=-1) + P(X=1:Y=1) = \frac{3}{10}\end{aligned} \quad (7.21)$$

$$\begin{aligned}P(X=-1) &= \sum_{Y=-\infty}^{+\infty} P(X:Y) \\ &= P(X=-1:Y=-1) + P(X=-1:Y=1) = \frac{7}{10}\end{aligned} \quad (7.22)$$

積分との対応を明確にするために，あえて無限和としたが，この場合は二値しかとらないので，それ以外の同時確率分布は 0 である．同様につぎのようになる．

$$\begin{aligned}P(Y=1) &= \sum_{X=-\infty}^{+\infty} P(X:Y) \\ &= P(X=-1:Y=1) + P(X=1:Y=1) = \frac{2}{5}\end{aligned} \quad (7.23)$$

$$\begin{aligned}P(Y=-1) &= \sum_{X=-\infty}^{+\infty} P(X:Y) \\ &= P(X=-1:Y=-1) + P(X=1:Y=-1) = \frac{3}{5}\end{aligned} \quad (7.24)$$

7.3.2 独立な確率変数の和の確率

確率変数を考えることで，その和，差なども新しい確率変数として扱うことができる．これについては，前章でコインなどの例をとりあげたときにも少し議論した．現実への応用ということを考えれば，たとえば，実験のデータの解析などで，それぞれのデータ点を確率変数と考えることができる．もしくは，テストの成績を評価するときに，それぞれの学生が確率変数を生み出すと考えることもできる．そして，このような実験，試験，観察から与えられた数値の列に対して，平均をとるなど，数理的な処理を施すことは，よく行われていることである．

ここでは，このような背景を考えながら，まず複数の確率変数の独立性について述べよう．

◆ 複数の確率変数の独立性

二つの確率変数 X, Y が独立 $\Leftrightarrow f(x,y) = f_X(x)f_Y(y)$ すなわち，同時確率密度関数がそれぞれの変数の確率密度関数の積となる．

これは，事象の確率的な独立性と同様である．確率変数が n 個の場合についても同様で，

$$f(x_1, x_2, \ldots, x_n) = f_1(x_1)f_2(x_2)\cdots f_n(x_n)$$

であれば，これらの確率変数は独立となる．

例題 7.7 ◆ 実数をとる確率変数 X, Y の同時確率密度関数が，つぎのように与えられている．このとき，X と Y が独立かどうかを示せ．

$$f(x,y) = \frac{1}{12\pi} \exp\left\{\frac{1}{72}(-4x^2 - 9y^2 + 40x - 36y - 136)\right\} \tag{7.25}$$

解答 ◆ この同時確率密度関数は，下記のように，二つの正規分布の確率密度関数に分解することができるので，X, Y は独立である．

$$\begin{aligned} f(x,y) = f_X(x)f_Y(y) &= \frac{1}{\sqrt{2\pi \times 9}} \exp\left\{-\frac{(x-5)^2}{2\times 9}\right\} \times \frac{1}{\sqrt{2\pi \times 4}} \exp\left\{-\frac{(y+2)^2}{2\times 4}\right\} \\ &= N(5,9) \text{ の確率密度関数} \times N(-2,4) \text{ の確率密度関数} \end{aligned} \tag{7.26}$$

続いて，独立な確率変数の和の確率分布がどうなるかを考える．当然，これはそれぞれの確率分布を単純に足しあわせることでは得られない．下記の具体例をとおして，議論していこう．

例 7.1 ◆ それぞれ 0, 1 の値をとるような独立な確率変数 $X_1, X_2, X_3, \ldots, X_n$ を考える．このとき，これらの 0 か 1 の出る確率分布はみな等しく，つぎで与えられるとする．

$$P(X_i = 0) = 1 - a, \quad P(X_i = 1) = a \quad (0 < a < 1)$$

これらは，独立な確率変数であるという仮定から，同時確率分布は以下のようになる．

$$P(X_1 : X_2 : \cdots : X_n) = P(X_1)P(X_2)\cdots P(X_n)$$

ここで，確率変数 X を上で定義した X_i の和であるとする．

$$X = X_1 + X_2 + \cdots + X_n$$

すると，X は $\{0,1,2,\ldots,n\}$ の整数値をとる確率変数であり，$X=k$ となるのは，n 個の確率変数を並べたなかで，k 個の 1 と $n-k$ 個の 0 の組合せであるので，

$$P(k) \equiv P(X=k) = {}_n\mathrm{C}_k\, a^k (1-a)^{n-k}$$

となり，X は二項分布に従う．

つぎに，実数に値をとる二つの独立な確率変数 X,Y を考える．それぞれ確率密度関数 $f_X(x), f_Y(y)$ をもつとする．このとき，和 $Z=X+Y$ が従う確率密度関数 $f_Z(z)$ を求める．Z が XY 平面上のある範囲 A に含まれている確率を計算すると，以下の積分となる．

$$P(Z \in A) = \int_{z \in A} f_Z(z)\,dz = \iint_{x+y \in A} f_X(x) f_Y(y)\,dx\,dy \tag{7.27}$$

ここで，$z' = x+y$ とすると，式 (7.27) は下記の形でも記述できる．

$$P(Z \in A) = \int_{z' \in A} dz' \int_{-\infty}^{+\infty} f_X(z'-y) f_Y(y)\,dy \tag{7.28}$$

式 (7.27), (7.28) より，

$$f_Z(z) = \int_{-\infty}^{+\infty} f_X(z-y) f_Y(y)\,dy \tag{7.29}$$

となる．この式の右辺の積分の形式を，密度関数 $f_X(x), f_Y(y)$ の **畳み込み** という．繰り返しになるが，確率変数の和の確率密度関数が，単にそれぞれの密度関数の和とはならないことに留意してほしい．確率変数の積・商の確率密度関数については付録 A.5 を参照されたい．

例題 7.8 ◆ 確率変数 X,Y が指数分布に従い，それぞれ確率密度関数

$$f_X(x) = 2e^{-2x}, \quad f_Y(y) = 3e^{-3y} \tag{7.30}$$

をもつとき，和 $Z=X+Y$ の確率密度関数を求めよ．

解答 ◆ 式 (7.29) で述べた畳み込みの公式を使い，上記の確率分布を代入する．このとき，指数分布に従う確率変数の値の範囲は $[0,\infty)$ なので，負の領域では確率分布は 0 になる．よって，つぎのようになる．

$$\begin{aligned} f_Z(z) &= \int_{-\infty}^{+\infty} f_X(z-y) f_Y(y)\,dy = \int_0^z 2e^{-2(z-y)} \times 3e^{-3y}\,dy \\ &= 6e^{-2z}(1-e^{-z}) \end{aligned} \tag{7.31}$$

7.3.3 再生的な確率分布

では，より具体的に，確率変数の和の確率分布や密度関数について考えてみよう．確率変数 X, Y は独立であるとする．証明の一部は後の章に回すが，これまでに紹介した確率分布のいくつかでは，下記のような性質がある．

> **例 7.2** ◆ 二項分布：X, Y が，それぞれ $B_i(n, p)$ と $B_i(m, p)$ に従うとき，$X + Y$ は $B_i(n+m, p)$ に従う．
> ポアソン分布：X, Y がそれぞれ $P_o(\lambda)$ と $P_o(\mu)$ に従うとき，$X + Y$ は $P_o(\lambda + \mu)$ に従う．
> 正規分布：X, Y がそれぞれ $N(m_1, (\sigma_1)^2)$ と $N(m_2, (\sigma_2)^2)$ に従うとき，$X + Y$ は $N(m_1 + m_2, (\sigma_1)^2 + (\sigma_2)^2)$ に従う．

例 7.2 では，どれも和 $X + Y$ が，もとの X, Y が従う確率分布と同じ関数形の確率分布に従うことがわかる（この内容は第 10 章でも扱う）．和によっても，同じ確率分布形が「再生」されるため，これらのような確率分布を，**再生的な確率分布**であるという．

例題 7.9 ◆ 指数分布が再生的であるかどうかを確かめよ．

解答 ◆ すでに具体例を例題 7.8 で行ったが，確率変数 X, Y が指数分布に従い，それぞれ確率密度関数

$$f_X(x) = \lambda_1 e^{-\lambda_1 x}, \quad f_Y(y) = \lambda_2 e^{-\lambda_2 y} \tag{7.32}$$

をもつとき，畳み込みの公式を使って，和 $Z = X + Y$ の確率密度関数を計算すると，以下のようになる．

$$\begin{aligned} f_Z(z) &= \int_{-\infty}^{+\infty} f_X(z-y) f_Y(y)\, dy = \int_0^z \lambda_1 e^{-\lambda_1(z-y)} \times \lambda_2 e^{-\lambda_2 y}\, dy \\ &= \frac{\lambda_1 \lambda_2}{\lambda_1 - \lambda_2} e^{-\lambda_2 z} \{1 - e^{-(\lambda_1 - \lambda_2)z}\} \end{aligned} \tag{7.33}$$

この結果，関数の形が変わっているので，指数分布は再生的ではない．

―――――――― 章末問題 ――――――――

7.1 ◆ 指数分布の累積分布関数を求めよ．

7.2 ◆ 例題 7.8 で，確率変数 X, Y が指数分布に従い，それぞれ確率密度関数

$$f_X(x) = 2e^{-2x}, \quad f_Y(y) = 3e^{-3y}$$

をもつとき和 $Z = X + Y$ の確率密度関数を求めたが，ここで，今度は

$$\bar{f}_Z(z) = \int_{-\infty}^{+\infty} f_X(x) f_Y(z-x)\, dx \tag{7.34}$$

を計算して，答えが例題 7.8 の $f_Z(z)$ と等しくなることを確かめよ．

7.3◆ 確率変数 X の中央値 M は確率密度関数を「二等分」する点であり，以下を満たす値として定義される．

$$\int_{-\infty}^{M} f(x)\, dx = \frac{1}{2} \tag{7.35}$$

つまり，ここでいう二等分とは，式 (7.35) の定義のように，M 以下の累積確率が $1/2$ となるということである．指数分布に従う確率変数 X について，中央値を求めよ．

8 期待値と分散

確率変数が与えられたときに，その性質を知るうえで確率分布や確率密度関数は重要な役割を果たす．しかし，より少ない情報でも，確率変数について，ある程度の性質を知ることができるし，それ以上は必要とされないことも多い．模擬試験や学校の難易度ランキングなどで，平均点や偏差値だけが，関心のある数値としてとりあげられていることも多い．このように，確率変数を確率密度関数のような関数ではなく，数値でわかりやすく評価できれば便利なこともある．われわれのよく使うものとして「平均」があるが，同様に使われる期待値は平均をより拡張した数値指標として，確率変数の性質を端的に表すことができる．本章では，この期待値の概念と応用について述べていく．（参考文献：[14, 17, 21]）

8.1 期待値と分散

実数に値をとる確率変数を X とし，その確率密度関数を $f(x)$ とする．また，X の関数 $h(X)$ を考えるが，このような確率変数の関数もまた確率変数であることに留意してほしい．この確率変数 $h(X)$ を用いて，期待値と分散について定義する．

(1) 期待値（平均） $E[h(X)]$

$$E[h(X)] = \int_{-\infty}^{+\infty} h(x)f(x)\,dx \quad \text{（積分が有限でない場合は定義されない）} \quad (8.1)$$

このように，期待値は確率変数 $h(X)$ に関するものだが，われわれが日常で使う「平均」は，確率変数 X 自身の期待値，つまり $h(X) = X$ の場合が多い．本書でもこの場合に「平均」という名称をしばしば使う．一般に，平均と期待値という名称は，同様に使われることが多いが，書物によっても使われ方に差があるので少し注意が必要である．期待値は，試験や検査の結果などで日常的に計算されるように，確率変数の性質を代表する重要な概念である．

(2) 分散 $V[h(X)]$

$m = E[h(X)]$ として，つぎのように定義する．

$$V[h(X)] = \int_{-\infty}^{+\infty} (h(x) - m)^2 f(x)\,dx \quad \text{（積分が有限でない場合は定義されない）} \quad (8.2)$$

別のいい方をすれば，分散は $(h(X) - m)^2$ の期待値ともいえる．感覚的にはこの指標は，確率変数の関数 $h(X)$ がその期待値 m のまわりでどれくらいばらついているかの程度を示しているといえる．なお，

$$V[h(X)] = E[(h(X))^2] - (E[h(X)])^2 \tag{8.3}$$

として計算することもできる．

(3) 標準偏差 $\sigma[h(X)]$

分散から，確率分布の「幅」に相当する標準偏差を求めることができる．

$$\sigma[h(X)] = \sqrt{V[h(X)]} \tag{8.4}$$

例題 8.1 ◆ 式 (8.3) を分散の定義より示せ．

解答 ◆ これは，$m = E[h(X)] = \int_{-\infty}^{+\infty} h(x)f(x)\,dx$ を定数として積分の計算を行うと，以下のように示せる．

$$\begin{aligned}
V[h(X)] &= \int_{-\infty}^{+\infty} (h(x) - m)^2 f(x)\,dx \\
&= \int_{-\infty}^{+\infty} (h(x))^2 f(x)\,dx - 2m \int_{-\infty}^{+\infty} h(x)f(x)\,dx + m^2 \int_{-\infty}^{+\infty} f(x)\,dx \\
&= E[(h(X))^2] - 2m^2 + m^2 = E[(h(X))^2] - m^2 \\
&= E[(h(X))^2] - (E[h(X)])^2
\end{aligned}$$

なお，期待値と分散は，離散的な値をとる確率変数や，その関数についても，積分を和に置き換えることで求められる．下記の例題 8.2, 8.3 でそれを確認しよう．

例題 8.2 ◆ n 面のサイコロをふって出た目 $X : 1, 2, \ldots, n$ で，確率分布は，それぞれの目の出る確率が $p = 1/n$ で等しいとする．このとき，X の期待値と分散を求めよ．

解答 ◆ この場合は離散値をとる確率変数なので，つぎのように和をとることで求められる．

$$E[X] = \sum_{i=1}^{n} i \cdot \frac{1}{n} = \frac{n+1}{2}$$

$$V[X] = E[X^2] - (E[X])^2 = \sum_{i=1}^{n} i^2 \cdot \frac{1}{n} - \left(\frac{n+1}{2}\right)^2 = \frac{n^2 - 1}{12}$$

例題 8.3 ◆ 二項分布 $B_i(n,p)$ に従う確率変数 X をとり，α を正の実数として α^X を考える．このときの α^X の期待値を求めよ．

解答 ◆ この場合も離散値なので，つぎのように和をとり，二項係数についての関係を使うと，求められる．

$$E[\alpha^X] = \sum_{k=0}^{n} \{{}_n C_k \, p^k (1-p)^{n-k}\} \alpha^k = \sum_{k=0}^{n} \{{}_n C_k \, (\alpha p)^k (1-p)^{n-k}\}$$
$$= \{\alpha p + (1-p)\}^n$$

なお，上記の関数 $E[\alpha^X]$ を用いることで，確率変数 X の平均や分散を計算できる．すなわち，それらを生み出すことができるので，$E[\alpha^X]$ は**母関数**とよばれる．第 10 章では，モーメント母関数ということで，同様の概念を再度とりあげる（章末問題 8.1 も参考にしてほしい）．このように，確率変数自身ではなく，その関数の期待値を考えると有用であることがよくある．

8.2 確率変数の規格化

実数に値をとり，確率密度関数 $f(x)$ をもつ確率変数 X を考える．ここで，$E[X] = m, V[X] = \sigma^2$ で，これらが一つの有限の値に決まるとき，確率変数 $Y = aX + b$ (a, b は定数) の平均と分散は以下のようになる．

$$E[Y] = \int_{-\infty}^{+\infty} (ax+b)f(x)\,dx = aE[X] + b = am + b$$

$$V[Y] = \int_{-\infty}^{+\infty} \{(ax+b) - (am+b)\}^2 f(x)\,dx = a^2 \int_{-\infty}^{+\infty} (x-m)^2 f(x)\,dx$$
$$= a^2 V[X] = a^2 \sigma^2$$

とくに，

$$Z = \frac{X - E[X]}{\sqrt{V[X]}} \tag{8.5}$$

とすると，$E[Z] = 0, V[Z] = 1$ となり，扱いやすい．このような変換は**規格化**もしくは**標準化**ともいわれる．第 7 章で述べた標準正規分布 $N(0,1)$ は，平均 m，分散 σ^2 の正規分布 $N(m, \sigma^2)$ を規格化したものである．

また，規格化することで，直感的な理解がしやすくなることがある．たとえば，変数 Z の値が 3 であれば，それは標準偏差 1 の 3 倍であり，それだけ平均 0 から離れているといえる．もともとの X の値では，それが平均より大きいのか，小さいのかわか

らないので，平均とあわせて述べる必要がある．

われわれが慣れ親しんでいる別の規格化は，模擬試験などの偏差値である．偏差値の算出においては，平均 50，標準偏差 10 として規格化している．たとえば，偏差値 70 であれば，標準偏差の大きさ (10) に比べて，平均よりその 2 倍の大きさだけ離れて上位であるということを示している．こちらも，もともとのテストの素点だけでは，全体のなかの位置付けはわからない．

このように，数学的な内容は変わらないが，実験データが取り扱いやすくなるなど，確率変数の規格化によるメリットは大きい．

例題 8.4 ◆ n 面のサイコロをふって出た目 $X:1,2,\ldots,n$ について，確率分布はそれぞれの目の出る確率が $p=1/n$ で等しいとする．このとき，X を規格化した Z を求めよ．

解答 ◆ 例題 8.2 で行った期待値と分散を使えばよい．

$$E[X] = \frac{n+1}{2}, \quad V[X] = \frac{n^2-1}{12}$$

より，つぎのようになる．

$$Z = \frac{X - \dfrac{n+1}{2}}{\sqrt{\dfrac{n^2-1}{12}}}$$

ちなみに，例題 8.4 において $n=2$ では $Z=2X-3$ であり，Z は ± 1 をとる確率変数である．これはコイン投げに相当する．

8.3 チェビシェフの不等式とマルコフの不等式

ある確率変数があるときに，その確率分布の委細については不明でも，平均と分散についての情報があれば，一般にある程度の性質を導き出すことができる．その代表例のチェビシェフの不等式，マルコフの不等式について紹介しよう．

◆ **チェビシェフの不等式**

確率密度関数 $f(x)$ をもつ実数値をとる確率変数 X が，平均 m と分散 σ^2 をもつとき，任意の実数 $t>0$ において，

$$P(|X-m| \geq t\sigma) \leq \frac{1}{t^2} \tag{8.6}$$

が成り立つ．この不等式をチェビシェフの不等式とよぶ．

証明

$$\sigma^2 = \int_{-\infty}^{+\infty} (x-m)^2 f(x)\,dx$$
$$\geq \int_{|X-m|\geq t\sigma} (x-m)^2 f(x)\,dx$$
$$\geq \int_{|X-m|\geq t\sigma} (t\sigma)^2 f(x)\,dx = (t\sigma)^2 P(|X-m|\geq t\sigma) \tag{8.7}$$

■

この証明を図 8.1 を用いて補足しよう．まず，気をつけることは，$(x-m)^2$ も $f(x)$ も，積分をするその積も，非負であることである．これにより，1 行目から 2 行目については，積分が図 8.1 の灰色部分のみで，全体のなかの一部分の面積になっているので，不等号となる．また，2 行目から 3 行目については，この狭めた積分の範囲において，$(x-m)^2 \geq (t\sigma)^2$ となるので，再び不等号が現れる．最後の式まで導いた後で，両辺を $(t\sigma)^2$ で割ると，証明したいチェビシェフの不等式となる．

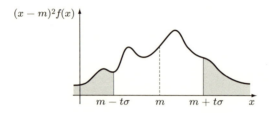

図 8.1　チェビシェフの不等式の解説

なお，この定理の余事象，すなわち $|X-m| < t\sigma$ に収まっている場合の確率を考えることにより，

$$P(|X-m| < t\sigma) \geq 1 - \frac{1}{t^2} \tag{8.8}$$

を得る．つまり，X が $m-t\sigma < X < m+t\sigma$ となる確率は $1-1/t^2$ 以上である．

この証明では，確率密度関数や分散が非負であるということだけを用いているので，その委細にはよらない．式 (8.6) より，一般の確率変数において，標準偏差をものさしにしたとき，平均から「大きく」離れてしまうことは非常に小さな確率でしか起きないことがわかる．

◆ **マルコフの不等式**

確率密度関数 $f(x)$ をもつ確率変数 X と，さらにある関数 $h(X) \geq 0$ が与えられたとき，

$$g = \int_{-\infty}^{+\infty} h(x)f(x)\,dx \tag{8.9}$$

が有限であれば，実数 $t > 0$ について，

$$P(h(x) \geq tg) \leq \frac{1}{t} \tag{8.10}$$

となる．これをマルコフの不等式とよぶ．

例題 8.5 ◆ 式 (8.10) のマルコフの不等式を証明せよ．

解答 ◆ 証明はチェビチェフの不等式と同様に考える．

$$g = \int_{-\infty}^{+\infty} h(x)f(x)\,dx \geq \int_{h(x) \geq tg} h(x)f(x)\,dx$$
$$\geq \int_{h(x) \geq tg} tgf(x)\,dx = tgP(h(x) \geq tg)$$

よって，つぎのようになる．

$$P(h(x) \geq tg) \leq \frac{1}{t}$$

――――――――― 章末問題 ―――――――――

8.1◆ 例題 8.3 では，二項分布 $B_i(n, p)$ に従う確率変数 X をとり，α を正の実数として α^X を考え，この期待値をつぎのように求めた．

$$E[\alpha^X] = \{\alpha p + (1-p)\}^n$$

これを使い，確率変数 X の期待値と分散を求めよ．

8.2◆ 指数分布（7.2.3 項）に従う確率変数 X について，期待値と分散を求めよ．また，期待値と章末問題 7.3 で求めた中央値が一致しないことを確認せよ．

8.3◆ ポアソン分布 $P_o(\lambda)$（7.1.2 項）に従う確率変数 X について期待値と分散を求めよ．

9 複数の確率変数

確率変数については演算ができるので，前にとりあげたように，複数あれば，和や積などについて考えることができる．また，複数あることで，条件付き確率なども考察される．当然話は複雑になるのだが，このときに期待値などをどのように取り扱うかについて紹介する．（参考文献：[14, 17]）

9.1 期待値

この章では，より話を具体的にするために，下記の同時確率分布に従い，それぞれ ± 1 をとる二つの確率変数 X, Y を例として考える．

$$P(X=+1:Y=+1)=\frac{7}{20}, \quad P(X=+1:Y=-1)=\frac{2}{5},$$
$$P(X=-1:Y=+1)=\frac{1}{10}, \quad P(X=-1:Y=-1)=\frac{3}{20} \tag{9.1}$$

この情報から，周辺確率として，それぞれの変数が ± 1 をとる確率も計算できる．

$$P(X=+1)=P(X=+1:Y=+1)+P(X=+1:Y=-1)=\frac{3}{4} \tag{9.2}$$

$$P(X=-1)=P(X=-1:Y=+1)+P(X=-1:Y=-1)=\frac{1}{4} \tag{9.3}$$

$$P(Y=+1)=P(X=+1:Y=+1)+P(X=-1:Y=+1)=\frac{9}{20} \tag{9.4}$$

$$P(Y=-1)=P(X=+1:Y=-1)+P(X=-1:Y=-1)=\frac{11}{20} \tag{9.5}$$

この結果を表 9.1 のようにまとめるとわかりやすい．上にあげた式との対応を確認してもらいたい．

表 9.1 二つの確率変数の同時確率

X \ Y	$Y=+1$	$Y=-1$	計
$X=+1$	7/20	2/5	3/4
$X=-1$	1/10	3/20	1/4
計	9/20	11/20	1

また，この二つの確率変数 X と Y については，$P(X:Y) \neq P(X)P(Y)$ であるので，確率的に独立ではない．

二つの確率変数の和 $X+Y$ について，$f(x,y)$ を X,Y の同時確率密度関数として，期待値を定義に従って計算する（このとき，周辺確率分布に関する計算も使う）．

$$E[X+Y] = \int_{-\infty}^{\infty}\int_{-\infty}^{\infty}(x+y)f(x,y)\,dx\,dy$$
$$= \int_{-\infty}^{\infty}\int_{-\infty}^{\infty}xf(x,y)\,dx\,dy + \int_{-\infty}^{\infty}\int_{-\infty}^{\infty}yf(x,y)\,dx\,dy$$
$$= \int_{-\infty}^{+\infty}xf_X(x)\,dx + \int_{-\infty}^{+\infty}yf_Y(y)\,dy$$
$$= E[X] + E[Y] \tag{9.6}$$

より一般的に，n 個の確率変数について書くと，つぎのようになる．

$$E\left[\sum_{i=1}^{n}X_i\right] = \sum_{i=1}^{n}E[X_i] \tag{9.7}$$

とくに，X_i が同一の確率分布に従うならば，$E[X_1] = E[X_2] = \cdots = E[X_n] = m$ となり，つぎのようになる．

$$E\left[\sum_{i=1}^{n}X_i\right] = nm \tag{9.8}$$

ここで重要なポイントは，X,Y が独立であるかどうかにかかわらず式 (9.6) は成り立つということである．一方，積 XY の期待値について考えると，一般には

$$E[XY] \neq E[X]E[Y] \tag{9.9}$$

であるが，X,Y が独立であれば，等号が成り立つ．

例題 9.1 ◆ 式 (9.1) の X,Y について，期待値 $E[X], E[Y], E[X+Y], E[XY]$ を計算せよ．

解答 ◆ ±1 の二つの離散値をとることに留意して，定義にそって計算をすると，つぎのようになる．

$$E[X] = \sum_{X}XP(X) = (+1)\times\frac{3}{4} + (-1)\times\frac{1}{4} = \frac{1}{2}$$
$$E[Y] = \sum_{Y}YP(Y) = (+1)\times\frac{9}{20} + (-1)\times\frac{11}{20} = -\frac{1}{10}$$

$$E[X+Y] = \sum_X (X+Y)P(X:Y)$$
$$= (+2) \times \frac{7}{20} + 0 \times \frac{2}{5} + 0 \times \frac{1}{10} + (-2) \times \frac{3}{20} = \frac{2}{5}$$

$$E[XY] = \sum_X (XY)P(X:Y)$$
$$= (+1) \times \frac{7}{20} + (-1) \times \frac{2}{5} + (-1) \times \frac{1}{10} + (+1) \times \frac{3}{20} = 0$$

上記において，$E[X+Y] = E[X] + E[Y]$ と，$E[XY] \neq E[X]E[Y]$ であることが確認できる．

9.2 分散

分散についても，一般には

$$V[X+Y] \neq V[X] + V[Y] \tag{9.10}$$

である．ここで，$f(x,y)$ を X,Y の同時確率密度関数とし，$E[X] = m_x$, $E[Y] = m_y$ とすると，定義よりつぎのようになる．

$$V[X+Y]$$
$$= \int_{-\infty}^{\infty}\int_{-\infty}^{\infty} \{(x+y) - (m_x + m_y)\}^2 f(x,y)\,dx\,dy$$
$$= \int_{-\infty}^{\infty}\int_{-\infty}^{\infty} \{(x - m_x)^2 + (y - m_y)^2 + 2(x - m_x)(y - m_y)\} f(x,y)\,dx\,dy$$
$$= V[X] + V[Y] + 2\int_{-\infty}^{\infty}\int_{-\infty}^{\infty} \{(x - m_x)(y - m_y)\} f(x,y)\,dx\,dy \tag{9.11}$$

9.3 共分散

式 (9.11) の右辺第 3 項の積分について

$$Cov[X,Y] \equiv E[(X - m_x)(Y - m_y)]$$
$$= \int_{-\infty}^{\infty}\int_{-\infty}^{\infty} \{(x - m_x)(y - m_y)\} f(x,y)\,dx\,dy \tag{9.12}$$

とすると，

$$V[X+Y] = V[X] + V[Y] + 2Cov[X,Y] \tag{9.13}$$

となる．この $Cov[X,Y]$ を**共分散**とよび，X,Y の相互関係の度合いを示す．この相互関係によって $X+Y$ の「ばらつき」の指標である分散 $V[X+Y]$ に影響が出ることを上記は示している．なお，

$$\begin{aligned} Cov[X,Y] &= E[(X-m_x)(Y-m_y)] = E[XY - m_x Y - m_y X + m_x m_y] \\ &= E[XY] - m_x E[Y] - m_y E[X] + m_x m_y \\ &= E[XY] - m_x m_y = E[XY] - E[X]E[Y] \end{aligned} \qquad (9.14)$$

であるので，X,Y が独立な場合は，$Cov[X,Y]=0$ となる．その結果，$V[X+Y]=V[X]+V[Y]$ となる．

例題 9.2 ◆ 式 (9.1) の X,Y について，$V[X], V[Y], V[X+Y], Cov[X,Y]$ を計算せよ．

解答 ◆ 定義によって計算をすることで，下記を得る．なお，$E[X]=m_x, E[Y]=m_y$ とする．

$$V[X] = E[(X-m_x)^2] = E[X^2] - (m_x)^2 = \frac{3}{4}$$

$$V[Y] = E[(Y-m_y)^2] = E[Y^2] - (m_y)^2 = \frac{99}{100}$$

$$V[X+Y] = E[\{(X+Y)-(m_x+m_y)\}^2] = \frac{46}{25}$$

$$Cov[X,Y] = E[(X-m_x)(Y-m_y)] = \frac{1}{20}$$

これによって，$V[X+Y]=V[X]+V[Y]+2Cov[X,Y]$ が成り立っていることも確認できる．

共分散についてもいくつかの性質があるので，これを列挙する．これらの性質はどれも定義から導くことができる．

(i) $Cov[X,Y] = Cov[Y,X]$
(ii) $Cov[aX,Y] = a\,Cov[X,Y]$ （a は任意の定数）
(iii) $Cov[X_1+X_2,Y] = Cov[X_1,Y] + Cov[X_2,Y]$
(iv) $Cov[X+a,Y] = Cov[X,Y]$ （a は任意の定数）
(v) $Cov[X,X] = V[X]$

性質 (v) にあるように，共分散は分散を拡張した概念であるので，自身の共分散は分散となる．

9.4 相関係数

共分散と密接に関係する概念として，**相関係数**がある．X, Y の相関係数は以下で定義される．

$$\rho_{XY} \equiv \frac{Cov[X, Y]}{\sqrt{V[X]}\sqrt{V[Y]}} \tag{9.15}$$

これは，相互関係の度合いを，それぞれの変数のばらつきで割ることで，規格化された共分散と考えることができる．相関係数の性質はつぎのとおりである．

(i) $-1 \leq \rho_{XY} \leq 1$
(ii) $\rho_{XY} = \pm 1$ のとき，任意の定数 a, b を用いて

$$Y = aX + b \quad (a > 0 \ (\rho_{XY} = 1); a < 0 \ (\rho_{XY} = -1))$$

という線形関係で表すことができる．
(iii) $\rho_{XY} > 0$ ならば X, Y は同じ向きに変化の傾向があり，これを正の相関があるという．また，$\rho_{XY} < 0$ ならば X, Y は反対の向きに変化の傾向があり，これを負の相関があるという．
(iv) $\rho_{XY} = 0$ のとき，すなわち $Cov[X, Y] = 0$ のとき，X, Y は無相関であるという．

なお，X, Y が独立なら，X, Y は無相関であるが，その逆は必ずしも成り立たない．付録 A.6 に具体例を述べる．

例題 9.3 ◆ 式 (9.1) の X, Y について，相関係数 ρ_{XY} を計算せよ．
解答 ◆ これもすでに計算した共分散と分散を用いて，定義にそって計算できる．

$$\rho_{XY} = \frac{Cov[X, Y]}{\sqrt{V[X]}\sqrt{V[Y]}} = \frac{1/20}{\sqrt{3/4}\sqrt{99/100}} = \frac{1}{3\sqrt{33}}$$

9.5 多変数の場合

これまでは 2 変数を扱ってきたが，多変数の場合を考えてみよう．まず，少し拡張して，三つの確率変数 X, Y, Z を考えると，

$$V[X + Y + Z] = V[X] + V[Y] + V[Z] + 2Cov[X, Y] + 2Cov[Y, Z] + 2Cov[Z, X]$$

となる．したがって，より一般には，つぎのようになる．

$$V[X_1 + X_2 + X_3 + \cdots + X_n] = \sum_{i=1}^{n} V[X_i] + \sum_{i \neq j} \sum Cov[X_i, X_j]$$

複数の確率変数の相互関係をみるために，つぎのような**共分散行列** Σ を用いることがある．

$$\Sigma \equiv \begin{pmatrix} \sigma_{11} & \sigma_{12} & \cdots & \sigma_{1n} \\ \sigma_{21} & \sigma_{22} & \cdots & \sigma_{2n} \\ \vdots & \vdots & \ddots & \vdots \\ \sigma_{n1} & \sigma_{n2} & \cdots & \sigma_{nn} \end{pmatrix} \tag{9.16}$$

$$\sigma_{ij} = Cov[X_i, X_j] \quad (i \neq j), \quad \sigma_{ii} = Cov[X_i, X_i] = V[X_i] \tag{9.17}$$

つまり，共分散行列 Σ は対称行列であり，(i,j) 要素は X_i と X_j の共分散（とくに，対角成分は分散）である．

この行列表現の利点は，非対角成分の要素が 0 であるかどうかで，相関の有無がみやすいところにある．

例題 9.4 ◆ 式 (9.1) の X, Y について，共分散行列 Σ を計算せよ．

解答 ◆ これは，すでに計算した分散と共分散を用いて，つぎのように表せる．

$$\Sigma = \begin{pmatrix} V[X] & Cov[X,Y] \\ Cov[Y,X] & V[Y] \end{pmatrix} = \begin{pmatrix} 3/4 & 1/20 \\ 1/20 & 99/100 \end{pmatrix}$$

9.6 独立の場合

すでに述べてきたが，確率変数が独立であれば，分散，共分散などはかなり単純な形となり，扱いやすい．このことからも，独立性が重要な意味をもつことがわかる．ここでは，それらについて再度まとめておく．

確率変数 X, Y の同時確率密度関数が $f(x,y) = f_X(x) f_Y(y)$ となり，X と Y は独立であるとする．このとき，下記が成り立つ．

(i) $E[XY] = E[X]E[Y]$
(ii) $Cov[X, Y] = 0$
(iii) $\rho_{XY} = 0$
(iv) $V[X \pm Y] = V[X] + V[Y]$

これは，独立な確率変数が n 個の場合に一般化でき，独立な確率変数 $X_1, X_2, \ldots, X_n$ について，下記が成り立つ．

(i) $E[X_1 X_2 \cdots X_n] = E\left[\prod_{i=1}^{n} X_i\right] = \prod_{i=1}^{n} E[X_i]$

(ii) $Cov[X_i, X_j] = 0 \quad (i \neq j)$

(iii) $\rho_{X_i X_j} = 0 \quad (i \neq j)$

(iv) $V\left[\sum_{i=1}^{n} X_i\right] = \sum_{i=1}^{n} V[X_i]$

さらに，もし，独立な確率変数 $X_1, X_2, \ldots, X_n$ が，同一の確率分布に従い，平均と分散が

$$E[X_1] = E[X_2] = \cdots = E[X_n] = m$$
$$V[X_1] = V[X_2] = \cdots = V[X_n] = \sigma^2$$

であれば，つぎのようになる．

$$E\left[\sum_{i=1}^{n} X_i\right] = nm \quad \text{(確率変数が独立でなくても成り立つ：式 (9.7))}$$

$$E\left[\prod_{i=1}^{n} X_i\right] = m^n \tag{9.18}$$

$$V\left[\sum_{i=1}^{n} X_i\right] = n\sigma^2$$

また，$\bar{X} = (X_1 + X_2 + \cdots + X_n)/n$ とすると，つぎのようになる．

$$E[\bar{X}] = m, \quad V[\bar{X}] = \frac{\sigma^2}{n} \tag{9.19}$$

9.7 条件付き期待値

複数の確率変数について，今度は視点を少し変えて，条件付き期待値という概念について紹介していく．これは期待値の概念と条件付き確率の概念を結びつけたものである．

二つの実数値をとる確率変数 X, Y があるとき，その条件付き確率密度関数 $f(x|y)$ より得られる X に関する期待値

$$E[X|Y] = \int_{-\infty}^{+\infty} x f(x|y)\,dx \tag{9.20}$$

を，Y を条件とした X の**条件付き期待値**という．ここで，もっとも注意すべきは，条件付き期待値は期待値とよぶが，$E[X]$ のように確定した数値ではない点である．条件付き期待値 $E[X|Y]$ は Y の関数であり，確率変数である．当然，$E[X]$ とは一致しない．

しかし，さらに $E[X|Y]$ の Y に関する期待値を計算すると，
$$E[E[X|Y]] \equiv E_Y[E[X|Y]] = E[X] \tag{9.21}$$
となり，$E[X]$ と等しくなる．

例題 9.5 ◆ 式 (9.21) を定義に従って確認せよ．

解答 ◆ $E_Y[E[X|Y]]$
$$= \int_{-\infty}^{+\infty} f_Y(y) \left(\int_{-\infty}^{+\infty} x f(x|y)\,dx \right) dy$$
$$= \int_{-\infty}^{+\infty} x \left(\int_{-\infty}^{+\infty} f(x|y) f_Y(y)\,dy \right) dx = \int_{-\infty}^{+\infty} x \left(\int_{-\infty}^{+\infty} f(x,y)\,dy \right) dx$$
$$= \int_{-\infty}^{+\infty} x f_X(x)\,dx = E[X]$$

これを含めて，条件付き期待値の性質について一覧にする．

(i) $E[E[X|Y]] \equiv E_Y[E[X|Y]] = E[X]$
(ii) $E[X_1 + X_2|Y] = E[X_1|Y] + E[X_2|Y]$
(iii) $E[aX + b|Y] = aE[X|Y] + E[b|Y] = aE[X|Y] + b$　　（a,b は任意の定数）
(iv) もし，X が Y の関数で，$X = h(Y)$ ならば，$E[X|Y] = E[h(Y)|Y] = h(Y)$
(v) X, Y が同じ確率分布をもち，かつ任意の関数 $h(x,y)$ が対称 ($h(x,y) = h(y,x)$) のとき，
$$E[X|h(X,Y)] = E[Y|h(X,Y)]$$
(vi) $E[XY|X] = XE[Y|X]$　　（参考：一般に，$E[XY] \neq E[X]E[Y]$）
(vii) 条件が 1 対 1 に変換される場合は，不変である．

性質 (vi) については，条件として X が与えられているので，この部分については性質 (iv) にあるように，定数として期待値の外に出せる．なお，9.1 節で述べたように積 XY の期待値は，それぞれの期待値の積とは一般にはならない．この違いについては注意が必要である．

また，性質 (vii) についてもコメントする．条件が 1 対 1 に変換されるとは，与えられている条件の実質的な内容が変わらないということである．そのため，条件付き期待値も変わらないということである．

たとえば，二つの確率変数を条件とする場合で，もし，$(Y, Z) \leftrightarrow (U, V)$ と 1 対 1 に変換できるなら，$E[X|Y, Z] = E[X|U, V]$ である．実際，1 対 1 変換として，たとえば，$(Y, Z) \leftrightarrow (U = Y + Z, V = Y - Z)$ を考えると，

$$E[X|Y, Z] = E[X|U, V] = E[X|Y+Z, Y-Z]$$

である．

より多くの変数を条件とする場合の例としては，下記がある．

$$S_1 = X_1, \ S_2 = X_1 + X_2, \ \ldots, \ S_n = X_1 + X_2 + \cdots + X_n$$

このとき，

$$X_1 = S_1, \ X_2 = S_2 - S_1, \ \ldots, \ X_n = S_n + S_{n-1}$$

なので，

$$E[Q|X_1, X_2, \ldots, X_n] = E[Q|S_1, S_2, \ldots, S_n]$$

となる．これは，データ列 S_i の情報を与えることと，その変化のデータ列 X_i を与えることは，同等な情報であることを示す．それゆえ，それらを条件とした期待値も同じになるのである．同等な情報は私達のまわりに数多く存在する．たとえば，ある日からの毎日の株価の値を与えることと，毎日の株価の変化の値を与えることは同等な情報である．

例題 9.6 ◆ 式 (9.1) の X, Y について，Y を条件とした条件付き確率を計算せよ．

解答 ◆
$$P(X = +1|Y = +1) = \frac{7}{9}, \quad P(X = +1|Y = -1) = \frac{8}{11},$$
$$P(X = -1|Y = +1) = \frac{2}{9}, \quad P(X = -1|Y = -1) = \frac{3}{11}$$
(9.22)

これは下記の表 9.2 のようにまとめることができ，条件付き確率の性質である

$$P(X = +1|Y = +1) + P(X = -1|Y = +1) = 1$$
$$P(X = +1|Y = -1) + P(X = -1|Y = -1) = 1$$

についても確認できる．

表 9.2　条件付き確率の表

Y の条件	$Y=+1$		$Y=-1$	
X の値	$+1$	-1	$+1$	-1
$P(X\|Y)$	7/9	2/9	8/11	3/11

例題 9.7 ◆ 式 (9.22) の条件付き確率を使って，Y を条件とした条件付き期待値 $E[X|Y]$ を計算せよ．

解答 ◆ 繰り返しになるが，この条件付き期待値は確率変数であり，Y の関数である．つまり，Y の値によって，確率変数である条件付き期待値のとる値が決まるのである．これを計算すると，以下のようになる．

$$E[X|Y=+1] = (+1) \times \frac{7}{9} + (-1) \times \frac{2}{9} = \frac{5}{9}$$

$$E[X|Y=-1] = (+1) \times \frac{8}{11} + (-1) \times \frac{3}{11} = \frac{5}{11}$$

つまり，$E[X|Y]$ は $\{5/9, 5/11\}$ の二値をとる確率変数なのである．どちらも $E[X]$ とは同じにならないし，± 1 でもない．そして，それぞれの値をとる確率は，条件である Y が ± 1 をとる確率となるので，つぎのようになる．

$$P\left(E[X|Y] = \frac{5}{9}\right) = P(Y=+1) = \frac{9}{20}$$

$$P\left(E[X|Y] = \frac{5}{11}\right) = P(Y=-1) = \frac{11}{20}$$

これも，つぎの表 9.3 にまとめた．

表 9.3　条件付き期待値の表

Y の条件	$Y=+1$	$Y=-1$
$E[X\|Y]$ の値	5/9	5/11
$P(E[X\|Y])$	9/20	11/20

これを使えば，この条件付き期待値の Y に関する期待値が

$$E_Y[E[X|Y]] = \frac{5}{9} \times \frac{9}{20} + \frac{5}{11} \times \frac{11}{20} = \frac{1}{2}$$

と計算でき，これは $E[X]$ と一致する．

章末問題

9.1 ◆ 例題 9.7 では条件付き確率や期待値の条件を Y としたが，今度は条件を X に替えて同様の計算を行い，$E[Y|X=+1], E[Y|X=-1], E_X[E[Y|X]]$ を求めよ．

9.2 ◆ 同じサイコロを 2 回ふるとき，1 回目に出た目を X，2 回目に出た目を Y とする．$X+Y$ が与えられたとき，$E[2X|X+Y] = X+Y$ となることを示せ．

9.3 ◆ 下記の同時確率分布に従い，それぞれ ± 1 をとる二つの確率変数 X, Y を考える．

$$P(X=+1:Y=+1) = \frac{1}{10}, \quad P(X=+1:Y=-1) = \frac{3}{20},$$
$$P(X=-1:Y=+1) = \frac{3}{10}, \quad P(X=-1:Y=-1) = \frac{9}{20}$$

(1) $E[X], E[Y], E[X+Y], E[XY]$ を計算せよ．
(2) $V[X], V[Y], V[X+Y], Cov[X,Y]$，および相関係数 ρ_{XY} を計算せよ．
(3) Y を条件とした条件付き期待値 $E[X|Y]$ を計算せよ．

10 確率分布の変換

確率分布や密度関数は，確率変数が与えられたときに，その性質についての情報を与えてくれる．しかし，これらが唯一ではなく，別の角度から同等の情報を与えてくれる関数などが存在する．ここでは，確率分布に並ぶ代表として，特性関数について解説していく．さらに，前章で扱った期待値の概念をより進めた，モーメントとキュムラントという概念についても紹介する．（参考文献：[8, 17, 21]）

10.1 特性関数

まず，特性関数を定義しよう．特性関数は，確率密度関数を積分変換（フーリエ変換）することで得られる．すなわち，X は実数に値をとる確率変数で，その確率密度関数が $f(x)$ である確率分布に従うとする．このとき，実数 t の関数

$$\phi(t) = E[e^{itX}] = \int_{-\infty}^{+\infty} e^{itx} f(x)\, dx \tag{10.1}$$

を X の**特性関数**という．なお，この章では i は虚数単位である．積分変換に慣れていない人には，この定義はやや難しく感じられるかもしれない．まず，注目すべきは，$f(x)$ は x の関数であるが，特性関数 $\phi(t)$ は t の複素関数ということである．別のいい方をすれば，「x を座標軸とする空間」から，「t を座標軸とする空間」への変換をしたことになり，確率密度関数 $f(x)$ をこの変換された空間のなかで眺めているのが，特性関数 $\phi(t)$ という感じである．「同じ対象を新しい座標軸でみているのだな」という大雑把な理解でもかまわない．

確率変数の値を示す x と違って，t というのが何を意味している座標なのか，そして複素関数となる意味は何かというのは難しいのだが，たとえば，1秒で5回振動する正弦波を，「周期 0.2 秒の正弦波」と表現するか，「振動数 5 ヘルツの正弦波」と表現するかということと類似する．さらに例をあげると，椅子を真下からと，斜め上から撮った写真では，後者のほうが椅子とわかりやすいが，椅子の足の台座へのとり付けの設計には，前者のほうが重要である．

このように，同じ対象でも，一般には視点（座標系）を変えることにより，物理や数学の見通しがよくなることが多い．これは，確率変数を眺めるときの，確率密度関

数と特性関数についても同様で，片方の見方で難しくても，他方で簡単になる場合がある．確率変数について，特性関数で考える感覚を身につけることは簡単ではないが，続いて述べる性質や具体例で感じをつかんでほしい．

10.1.1 特性関数の性質

さて，特性関数の性質について，まず一覧してみよう．とくに，確率密度関数の性質と対比して考えてほしい．証明については一部を問題とするが，それ以外はより専門的な本にゆだねたい．

(i) 任意の t について，$|\phi(t)| \leq \int_{-\infty}^{+\infty} f(x)\,dx = 1$

これは，特性関数のとりうる値は，複素平面上の単位円のなかに限られるということである．確率変数がごく狭い範囲の値しかとらないデルタ関数まで考えると，確率密度関数の値は非常に大きな値をとり得る．そのことと対比すると，範囲が半径 1 の円に収まっているのは，複素関数に変換することで得られたとてもよい性質といえる．

(ii) $\phi(0) = 1$

これは，(i) の特殊な場合であるが，原点での値が 1 と確定している関数である．この性質は，上記の確率密度関数の実数全体での積分が 1 となることによって示される．

(iii) $f(x)$ の微分 $f'(x)$ が存在し，$f(x)$ と $f'(x)$ がともに連続で

$$\int_{-\infty}^{+\infty} |f(x)|\,dx < \infty, \quad \int_{-\infty}^{+\infty} |f'(x)|\,dx < \infty \tag{10.2}$$

ならば，特性関数 $\phi(t)$ を用いて，つぎのようになる．

$$f(x) = \frac{1}{2\pi} \int_{-\infty}^{+\infty} e^{-itx} \phi(t)\,dt \tag{10.3}$$

ここで述べていることは，確率密度関数がある程度よい性質をもっているのであれば，特性関数から逆に確率密度関数を求められることを意味している．前述のように，両者は同じ対象を座標を変えて眺めているのにすぎないのであれば，両方向に行ったり来たりできるのは不思議ではないであろう．フーリエ変換の言葉では，フーリエ逆変換によってもとに戻す，ということになる[†]．

[†] この逆変換について，**レヴィの反転公式**としてより厳密に扱っている書籍もあるが，本書ではふれない．

(iv) 確率変数 X の確率密度関数を $f_X(x)$, 特性関数を $\phi_X(t)$ とするとき, 確率変数 $Y = aX + b$ (a, b は任意の定数) について, つぎが成り立つ.

$$\text{確率密度関数 } f_Y(y) = \frac{1}{a} f_X\left(\frac{y-b}{a}\right)$$

$$\text{特性関数 } \phi_Y(t) = \int_{-\infty}^{+\infty} e^{ity} \frac{1}{a} f_X\left(\frac{y-b}{a}\right) dy$$

$$= \int_{-\infty}^{+\infty} e^{it(ax+b)} f_X(x) \, dx = \phi_X(at) e^{itb}$$

この関係式は, ある確率変数の線形関数として別の確率変数をつくったときに, 確率密度関数と特性関数がどのように変化するかを示している. とくに, 確率変数に定数 b を加えることが, 特性関数においては複素指数関数 e^{itb} を掛けることに対応し, 0 から tb へと位相が変化するという特徴がある.

(v) 確率変数 X_1, X_2 の確率密度関数が $f_1(x), f_2(x)$ で, 特性関数が $\phi_1(t), \phi_2(t)$ のとき, $f_1(x), f_2(x)$ が (iii) の性質を満たすならば, つぎのようになる.

$$\int_{-\infty}^{+\infty} f_1(x) f_2(x) \, dx = \frac{1}{2\pi} \int_{-\infty}^{+\infty} \phi_1(t) \phi_2^*(t) \, dt$$

($\phi_2^*(t)$ は $\phi_2(t)$ の複素共役. この式は Parseval's theorem とよばれる)

この関係式は, 確率に限らず, フーリエ変換の一般的な性質である. 同じ対象を別の座標系で眺めているので, その間に関係式が成り立つことは不思議ではないであろう.

(vi) 確率変数 X_1, X_2 が独立で, それぞれの特性関数が $\phi_1(t), \phi_2(t)$ のとき, $Y = X_1 + X_2$ の特性関数 $\phi_Y(t)$ は, つぎのようになる.

$$\phi_Y(t) = E[e^{it(X_1+X_2)}] = E[e^{itX_1}] E[e^{itX_2}] = \phi_1(t) \phi_2(t)$$

一般に, $X_1, X_2, \ldots, X_n$ が独立であるとき, $\phi_1(t), \phi_2(t), \ldots, \phi_n(t)$ がそれぞれの特性関数なら, $Y = \sum_{i=1}^n X_i$ の特性関数 $\phi_Y(t)$ は, つぎのようになる.

$$\phi_Y(t) = \phi_1(t) \phi_2(t) \cdots \phi_n(t) = \prod_{i=1}^n \phi_i(t)$$

この関係式は, 確率密度関数では独立な確率変数の和に関しては畳み込み積分をしなければならなかったが, 特性関数ではただ単に積を求めればよく, 計算が非常に楽になることを示す. したがって, 繰り返し実験や観測など独立な確率変数の和を考察するとき, 確率密度関数と比べて, 特性関数がとくに扱いやすい性質をもつことがわかる.

10.1.2 特性関数の例

では，いくつか具体的な，特性関数の例をみてみよう．あまりなじみのない積分が出てくるとも思うが，その際には付録の表 A.1 を参照してほしい．

(1) 区間 $[-1, 1]$ 上の一様分布

確率密度関数 $f(x) = \begin{cases} \dfrac{1}{2} & (|x| \leq 1) \\ 0 & (|x| > 1) \end{cases}$

特性関数 $\phi(t) = \displaystyle\int_{-\infty}^{+\infty} e^{itx} f(x)\, dx = \dfrac{1}{2} \int_{-1}^{1} e^{itx}\, dx = \dfrac{\sin t}{t}$

（ただし，$t=0$ のとき，$\phi(0) = 1$ とする．）

(2) 平均 $m = 0$ で分散が σ^2 の正規分布

確率密度関数 $f(x) = \dfrac{1}{\sqrt{2\pi\sigma^2}} \exp\left(-\dfrac{x^2}{2\sigma^2}\right)$

$$\begin{aligned}
\text{特性関数 } \phi(t) &= \dfrac{1}{\sqrt{2\pi\sigma^2}} \int_{-\infty}^{+\infty} \exp(itx) \exp\left(-\dfrac{x^2}{2\sigma^2}\right) dx \\
&= \dfrac{1}{\sqrt{2\pi\sigma^2}} \exp\left(-\dfrac{t^2 \sigma^2}{2}\right) \int_{-\infty}^{+\infty} \exp\left[-\dfrac{(x - it\sigma^2)^2}{2\sigma^2}\right] dx \\
&= \exp\left(-\dfrac{t^2 \sigma^2}{2}\right)
\end{aligned}$$

正規分布の場合は，特性関数も同じ左右対称の山のような形をした分布（ガウス分布）となっている．しかし，分散 σ^2 が大きくなると，確率密度関数とは逆に，関数の広がりは，より小さくなっていくという点に留意してほしい．

(3) $X = -1, X = 2$ の二値をそれぞれ確率 $1/3, 2/3$ でとる確率変数

確率密度関数 $f(x) = \dfrac{1}{3} \delta(x+1) + \dfrac{2}{3} \delta(x-2)$

特性関数 $\phi(t) = \displaystyle\int_{-\infty}^{+\infty} e^{itx} \left[\dfrac{1}{3} \delta(x+1) + \dfrac{2}{3} \delta(x-2)\right] dx = \dfrac{1}{3} e^{-it} + \dfrac{2}{3} e^{2it}$

確率密度関数は通常の関数でないデルタ関数が含まれるため，扱いに注意が必要であった．一方，特性関数は複素関数であるが，その絶対値が 1 の範囲に収まる指数型関数の形式となり扱いやすい．

例題 10.1 ◆ 指数分布の特性関数を求めよ.

解答 ◆ 指数分布の確率密度関数は，λ を正の定数として，

$$f(x) = \begin{cases} \lambda e^{-\lambda x} & (0 \leq x) \\ 0 & (x < 0) \end{cases}$$

であるので，定義にそって特性関数の積分を行うと，特性関数は以下となる.

$$\begin{aligned} \phi(t) &= \int_{-\infty}^{+\infty} f(x) e^{itx}\, dx = \int_0^{+\infty} \lambda e^{-\lambda x} e^{itx}\, dx \\ &= \lambda \int_0^{+\infty} e^{(it-\lambda)x}\, dx = \frac{\lambda}{\lambda - it} \end{aligned} \tag{10.4}$$

10.2 モーメント

ここで解説するモーメントは，すでに述べた平均としての期待値を，ある意味拡張したものと考えられる，確率変数に関する統計的な指標である．これらは，確率密度関数や特性関数とはさらに別の角度から，確率変数を眺めているともいえる．実際，ある確率変数についてすべてのモーメントを知ることは，確率密度関数や特性関数と同じ情報をもつということになる．そして，これらはモーメント母関数という形でまとめることができる．つまり，ある確率変数について，さらに違う情報表現ができるということになる．

(1) モーメントの性質

確率変数 X が与えられたとき，整数 $n \geq 0$ について

$$\mu_n \equiv E[X^n] = \int_{-\infty}^{+\infty} x^n f(x)\, dx \tag{10.5}$$

が存在するとき，これを X の n 次の**モーメント**という．委細は専門書にゆずるが，この定義より以下の性質が得られる．

> (i) すべての次数のモーメントを決めることで，確率密度関数 $f(x)$ が定まる．つまり，すべての次数のモーメントが，確率変数に関してもつ情報は，確率密度関数と同じである．
>
> (ii) 特性関数
>
> $$\phi(t) = E[e^{itX}] = \int_{-\infty}^{+\infty} e^{itx} f(x)\, dx$$

において，両辺を t について n 階微分して，$t=0$ とおくと，

$$\phi^{(n)}(0) \equiv \frac{d^n}{dt^n}\phi(t)\bigg|_{t=0} = i^n \int_{-\infty}^{+\infty} x^n f(x)\,dx = i^n E[X^n]$$

となる．これにより，すべての次数のモーメントは，特性関数から導き出すことができる．したがって，すべての次数のモーメントが確率変数に関してもつ情報は，特性関数と同じである．

(2) モーメント母関数

特性関数で，$it \equiv s$ として，

$$M(s) \equiv E[e^{sX}] = \int_{-\infty}^{+\infty} e^{sx} f(x)\,dx \tag{10.6}$$

とするとき，$M(s)$ を**モーメント母関数**という．このモーメント母関数より，モーメントは s について n 階微分して，$s=0$ とおくことで得られる．

$$M^{(n)}(0) \equiv \frac{d^n}{ds^n} M(s)\bigg|_{s=0} = \int_{-\infty}^{+\infty} x^n f(x)\,dx = E[X^n] \tag{10.7}$$

これにより，モーメント母関数から，すべての次数のモーメントを導き出すことができて，対象とする確率変数については，この関数が確率密度関数や特性関数と並んで同じ情報をもっているということになる．

例題 10.2 ◆ 確率変数が二項分布 $B_i(n,p) : P(X=k) = {}_n\mathrm{C}_k p^k (1-p)^{n-k}$ に従うとき，そのモーメント母関数と，1 次から 3 次のモーメントを求めよ．

解答 ◆ この場合は離散的な確率変数であるので，母関数を求めるための期待値の計算に関しては，積分を和に置き換える．

$$M(s) = E[e^{sX}] = \sum_{k=0}^{n} e^{sk} P(X=k) = \sum_{k=0}^{n} {}_n\mathrm{C}_k (e^s p)^k (1-p)^{n-k}$$

より，モーメント母関数は

$$M(s) = \{e^s p + (1-p)\}^n$$

となる．これを s について微分して，$s=0$ とすることで，1 次から 3 次のモーメントを得ることができる．結果を示すので，計算を確認してほしい．

$$\mu_1 = E[X] = np, \quad \mu_2 = E[X^2] = np\{np + (1-p)\},$$
$$\mu_3 = E[X^3] = np\{(np)^2 + (3n-1)p(1-p) + (1-p)^2\}$$

10.3 キュムラント

ここでは、さらに別の指標であるキュムラントを導入しよう。キュムラントもモーメントと並んで、確率変数の関数の期待値として考えることができる。また、モーメントと同様に、ある確率変数のすべての次数のキュムラントは、確率密度関数、特性関数と同じ情報をもつ。キュムラントも母関数でまとめられるので、確率変数について、四つの違う関数で同じ情報を表現できることになる。

(1) キュムラント母関数

キュムラントの定義は、母関数から行うとわかりやすい。モーメント母関数の対数をとって得られる[†]

$$C(s) \equiv \ln(E[e^{sX}]) = \ln(M(s)) \tag{10.8}$$

を**キュムラント母関数**とよび、

$$\kappa_n \equiv C^{(n)}(0) = \left.\frac{d^n}{dt^n}C(s)\right|_{s=0} \tag{10.9}$$

とするとき、κ_n を n 次の**キュムラント**という。すなわち、このキュムラントについても、すべての次数のキュムラントをこのキュムラント母関数から求めることができる。また、モーメント母関数とキュムラント母関数は同等の情報をもっている。

例題 10.3 ◆ 確率変数が二項分布 $B_i(n,p) : P(X=k) = {}_n C_k p^k (1-p)^{n-k}$ に従うとき、そのキュムラント母関数と、1次から3次のキュムラントを求めよ。

解答 ◆ モーメント母関数

$$M(s) = \{e^s p + (1-p)\}^n$$

より、キュムラント母関数は下記となる。

$$C(s) = \ln(M(s)) = n\ln\{e^s p + (1-p)\}$$

s について微分して、$s=0$ とすることで、1次から3次のキュムラントを得ることができる。結果を示すので、計算を確認してほしい。

$$\kappa_1 = np, \quad \kappa_2 = np(1-p), \quad \kappa_3 = np(1-p)\{(1-p)-p\}$$

[†] $\ln x$ は $\log_e x$ のことであり自然対数とよばれる。$\ln e = 1$ である。

(2) モーメントとキュムラントの関係

さらに，モーメントとキュムラントの間には，以下の関係がある．

$$\kappa_1 = \mu_1 \ (\text{平均})$$

$$\kappa_2 = \mu_2 - (\mu_1)^2 \ (\text{分散})$$

$$\kappa_3 = \mu_3 - 3\mu_1\mu_2 + 2(\mu_1)^3$$

$$\kappa_4 = \mu_4 - 3(\mu_2)^2 - 4\mu_1\mu_3 + 12(\mu_1)^2\mu_2 - 6(\mu_1)^4$$

この関係はより高次においても一般に成り立ち，n 次までのモーメントとキュムラントは同じ情報をもっている．

例題 10.4 ◆ 二項分布に従う確率変数の，3 次までのモーメントとキュムラントについて，上記が成り立つことを確認せよ．

解答 ◆ 直接の代入により確認されたい．

以上の性質をつなぎ合わせると，繰り返しになるが，ある確率変数についてのモーメント母関数とキュムラント母関数は同じ情報をもっていることがわかる．

この章では，ある確率変数について，その確率密度関数を変換することで，特性関数，モーメント母関数，キュムラント母関数という関数を得た．この四つの関数は確率変数について同等の情報をもち，いわば，確率変数を四つの「違う視点から写真を撮った」結果が出そろったことになる（図 10.1 参照）．どの関数を用いると確率変数に関する計算などの見通しがよくなるかは，確率変数や目的によって異なるため，それぞれの関数を使いこなせるようになってほしい．

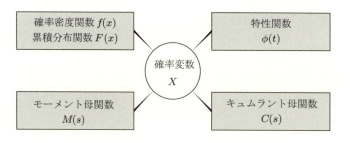

図 10.1　確率変数の情報を表現する関数

例 10.1 ◆ すでに扱ってきた平均 0 で分散 1（$m = 0, \sigma^2 = 1$）の標準正規分布 $N(0,1)$ については，次章の中心極限定理の理論的な側面だけでなく，応用の側面

においても重要な役割を果たすので，ここにまとめておこう．記憶してもらうに値する．

$$確率密度関数\ f(x) = \frac{1}{\sqrt{2\pi}} e^{-\frac{x^2}{2}} \tag{10.10}$$

$$特性関数\ \phi(t) = e^{-\frac{t^2}{2}} \tag{10.11}$$

$$モーメント母関数\ M(s) = e^{\frac{s^2}{2}} \tag{10.12}$$

（偶関数であるので，すべての奇数次のモーメントは 0 となる）

$$キュムラント母関数\ C(s) = \ln M(s) = \frac{s^2}{2} \tag{10.13}$$

（標準正規分布では 2 次以外のキュムラントは 0 となる）

さまざまな議論では確率密度関数が中心となることが多いが，標準正規分布の場合は，とくに，キュムラント母関数が単純な 2 次関数になることに注目してほしい．

章末問題

10.1◆ X を平均 m, 分散 σ^2 の正規分布 $N(m, \sigma^2)$ に従う確率変数とする．この変数の特性関数，モーメント母関数，キュムラント母関数を求めよ．さらに，1 次から 4 次のモーメントとキュムラントを求めよ．

10.2◆ 二つの独立な確率変数 X, Y が，それぞれ二項分布 $B_i(m, p), B_i(n, p)$ に従うとき，$X + Y$ の特性関数を求め，二項分布が再生的であることを示せ．

10.3◆ 指数分布が再生的でないことを特性関数を使って示せ．

11 中心極限定理

ここでは，確率論で重要な位置を占める中心極限定理について概説する．この定理の意味は，同じ確率分布に従う独立な確率変数の「平均」の確率分布は，一般に正規分布に近づくというものである．もともとの確率分布が正規分布でなくとも，「平均」した分布は正規分布に近づくという驚くべき性質が重要なポイントである．精密な証明は専門書にゆだねるが，この定理は，実験での繰り返しのデータの取得やその処理などにおいても意義をもつので，定理の意味を感覚的に理解することを目指してほしい．（参考文献：[2, 17, 21]）

11.1 確率変数の収束

ある実数の数列 $X_1, X_2, \ldots, X_n, \ldots$ が与えられたとき，この数列がどのような値に収束するか，収束しないかなどは数学ではたびたび出てくる重要な基礎となっている．では，これらの数列が確定した値をとるのではなく，確率変数であったらどうなるであろうか．このとき，話はかなり複雑になり，収束の概念も違うものがいくつか考えられている．厳密な議論はしないが，簡単にこれらについて紹介しよう．とくに，注目してほしいのは，「何が収束しているのか」という違いである．

実数に値をとる確率変数 X と，確率変数の列 $X_1, X_2, \ldots, X_n, \ldots$ が与えられたとき，確率変数の収束にはいくつかの違う概念がある．

(1) 概収束

$X_1, X_2, X_3, \ldots$ が X に**概収束**する（確率 1 で収束する）とは，

$$P\left(\lim_{n \to \infty} X_n = X\right) = 1 \tag{11.1}$$

となることである．収束するのは確率変数 X 自身である．

これは $X_1, X_2, X_3, \ldots \overset{\text{a.s.}}{\to} X$ や，$X_1, X_2, X_3, \ldots \overset{n \to \infty}{\to} X$ (a.s.) と表記する（a.s. は almost surely の略）．式 (11.1) は，ほとんどいたるところで，n が大きくなるにつれて，X_n は X に収束するということ，つまり確率変数として X と $\lim_{n \to \infty} X_n$ が区別できなくなることを意味する．

(2) 確率収束

$X_1, X_2, X_3, \ldots$ が X に**確率収束**するとは，どれほど小さい $\epsilon > 0$ に対しても，

$$\lim_{n \to \infty} P(|X_n - X| < \epsilon) = 1 \tag{11.2}$$

もしくは，

$$\lim_{n \to \infty} P(|X_n - X| > \epsilon) = 0 \tag{11.3}$$

となることである．収束するのは確率 P で，これが 1 もしくは 0 に近づくのである．

これは $X_1, X_2, X_3, \ldots \xrightarrow{P} X$ などと表記する．

(3) p 次平均収束

$X_1, X_2, X_3, \ldots$ が X に **p 次平均収束**するとは，ある $p > 0$ に対して，

$$\lim_{n \to \infty} E[|X_n - X|^p] = 0 \tag{11.4}$$

となることである．収束するのは p 次平均である．つまり，$X_n - X$ という確率変数の絶対値の p 乗の期待値が，0 に近づくのである．また，よく使われるのは $p = 2$ の場合である．

これは $X_1, X_2, X_3, \cdots \xrightarrow{L_p} X$ などと表記する．

(4) 法則収束

$X_1, X_2, X_3, \ldots$ が X に**法則収束**するとは，すべての実数 x について，

$$\lim_{n \to \infty} P(X_n \leq x) = P(X \leq x) \tag{11.5}$$

となることである．収束するのは，累積分布関数である．つまり，X_n の累積分布関数の「形」が n の増加とともに，X の累積分布関数の「形」に似てきて，同一になっていくのである．

これは $X_1, X_2, X_3, \ldots \xrightarrow{\mathcal{L}} X$ などと表記する．法則収束については 11.3 節で詳しく述べる．

おおまかにいえば，どれも確率変数 X のもつ情報に「似てくる」ということであるので，これらの違う収束の概念の間には関係がある．たとえば，概収束するのであれば，法則収束することがいえるが，その逆はいえない．関係を図 11.1 に示すが，その委細については，本書ではこれ以上議論をしない．ここで認識しておいてほしいのは，確率変数については，いくつかの異なる収束の概念があり，収束というときに，どの概念が使われているか，収束するのは何かを注意する必要があるということである．

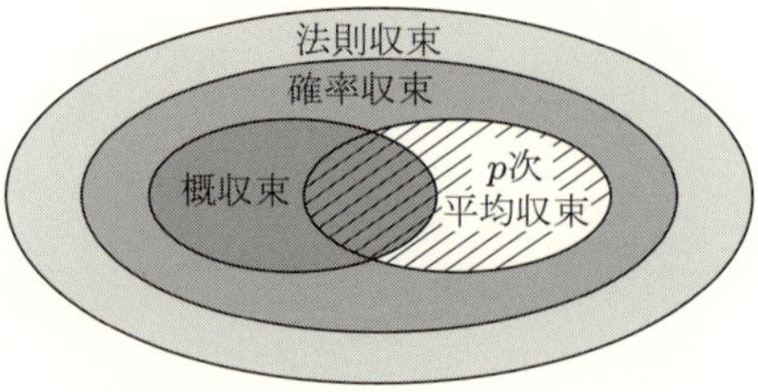

図 11.1　確率変数の収束に関する関係

11.2　大数の（弱）法則

　ここでは，収束の概念を用いた重要な法則である**大数の（弱）法則**について概説する．たとえば，ある同一の確率分布に従って，つぎつぎと数値を出力できる機械があるとする．この出力される 1 回ごとのデータ値を確率変数 X と考える．そして，その出力されるデータ値 $X_1, X_2, X_3, \ldots, X_n$ をつぎつぎにとり，その平均をとることで得られる確率変数 $\bar{X}_n$ を計算する．すると，データ値取得の回数 n が大きくなるのに従って，$\bar{X}_n$ は確率変数 X の期待値 $E[X]$ の値のまわりで，鋭いピークをもつ確率分布に従うように，確率収束していくのである．つまり，$\bar{X}_n$ はほぼ期待値 $E[X]$ に近い値に集まっていき，大きく違う値をとる確率は 0 になっていくのである．この大数の（弱）法則について，数式で述べれば，つぎのようになる．

　$X_1, X_2, X_3, \ldots, X_n$ が独立で，同一の確率分布に従うとする．$E[X_i] = m, V[X_i] = \sigma^2$ $(i = 1, 2, \ldots, n)$ とするとき，

$$\bar{X}_n = \frac{X_1 + X_2 + \cdots + X_n}{n} \xrightarrow{P} m \tag{11.6}$$

と確率収束する．すなわち，どれほど小さい $\epsilon > 0$ に対しても，

$$\lim_{n \to \infty} P(|\bar{X}_n - m| < \epsilon) = 1 \tag{11.7}$$

もしくは，

$$\lim_{n \to \infty} P(|\bar{X}_n - m| > \epsilon) = 0 \tag{11.8}$$

となる．

証明のあらすじ

　まず，$\bar{X}_n$ の平均については，

$$E[\bar{X}_n] = \frac{\sum_{i=1}^{n} E[X_i]}{n} = \frac{nm}{n} = m$$

となる．そして，X_i の独立性を使うと，分散については，

$$V[\bar{X}_n] = \frac{\sum_{i=1}^{n} V[X_i]}{n^2} = \frac{n\sigma^2}{n^2} = \frac{\sigma^2}{n}$$

であるので，チェビシェフの不等式を $\bar{X}_n$ に適用すると，任意の $t > 0$ について

$$P\left(|\bar{X}_n - m| \geq t\frac{\sigma}{\sqrt{n}}\right) \leq \frac{1}{t^2}$$

である．そこで，任意の $\epsilon > 0$ に対して，$t = \frac{\sqrt{n}}{\sigma}\epsilon$ とすれば，

$$P(|\bar{X}_n - m| > \epsilon) \leq P(|\bar{X}_n - m| \geq \epsilon) \leq \frac{\sigma^2}{n\epsilon^2}$$

となり，$n \to \infty$ を考えれば，

$$\lim_{n \to \infty} P(|\bar{X}_n - m| > \epsilon) = 0$$

を得る．■

さらに強い大数の強法則（概収束）も，特別な場合以外は成り立つが，委細はより専門的な本にゆだねたい．現実的には，この大数の（弱）法則は，ある意味あたりまえのように聞こえるかもしれない．自然科学においても社会科学においても，実験や観測は，何らかの確率的なものも含めて，法則性を探り出すために行われることが多い．データから平均を計算することも，ごく普通の作業である．しかし，大数の（弱）法則が成り立たない場合もある．たとえば，実験対象の機械のなかには人間が入っていて，そのときの気分で適当な数値を出しているような場合を考えよう．それでもデータはとれるので，平均を計算できるが，その値はデータ取得の量を増やすと収束するかもしれないし，しないかもしれない．もしも，上記で述べたような意味で収束しないのであれば，このなかの人は，特定の確率分布に従って数値を出力していない可能性が高く，その意味での法則性はないといえる．

もしくは，証明の前提条件が崩れている場合もあるだろう．たとえば，確率変数 X が**コーシー分布**（ブライト–ウィグナー分布）という以下の確率密度関数をもつ場合を考えよう．

$$f(x) = \frac{1}{\pi}\frac{1}{1+x^2} \tag{11.9}$$

この確率密度関数は，偶関数で原点について対称だが，計算をすると，有限な分散 $V[X]$ が存在しないことがわかる．このため，コーシー分布に従う独立な確率変数については，大数の（弱）法則が成り立たない．

応用上，データサンプル数を大きくしても平均が収束しないときは，コーシー分布のような分布に従っている確率変数である可能性がある．実際，コーシー分布はパイオンとプロトンの衝突実験のような，高エネルギー素粒子実験データを解析する理論などに活用されている．

11.3　法則収束について

中心極限定理を説明する準備として，法則収束についてもう一度確認をしておこう．まず，実数値をとる二つの確率変数 X, Y が同じ確率分布に従うとはどういうことだろうか．前節では累積分布関数が等しいことであるとしたが，これは以下のように違う形でも述べることができる．

> (i)　X の確率密度関数と Y の確率密度関数が等しい．
> (ii)　X の特性関数と Y の特性関数が等しい．
> (iii)　任意の有界連続関数 h について $E_X[h(X)] = E_Y[h(Y)]$ が成り立つ．

では，これらを使って，法則収束をみなおしてみよう．まず，(ii) を使って法則収束を定義しなおすと，下記のようになる．

$$\lim_{n \to \infty} \phi_n(t) = \phi(t)$$

すなわち，$X_1, X_2, X_3, \ldots \xrightarrow{\mathcal{L}} X$ とは，確率変数 X_n の特性関数 $\phi_n(t)$ が，確率変数 X の特性関数 $\phi(t)$ に，それぞれの t ごとに収束することをいう．つまり，同じ特性関数をもつように収束するということである．前に述べたように，累積分布関数も，特性関数も確率変数に対して同じ情報をもっているのだから，とくに不思議ではない．(i) の確率密度関数についても，累積分布関数と同じ情報をもっているので同様である．

また，(iii) について考えると，法則収束 $X_1, X_2, X_3, \ldots \xrightarrow{\mathcal{L}} X$ とは，任意の関数 $h(x)$ について，以下となることをいう．

$$\lim_{n \to \infty} E_{X_n}[h(X_n)] = E_X[h(X)]$$

たとえば，$h(x) = x^k$ とおけばわかるように，すべての次数のモーメントが同じになるという場合も上記は含んでいる．すべての次数のモーメントやキュムラントのもつ情報も，確率密度関数と同等なので，これも納得のいく法則収束の記述である．

上記を踏まえて，正規分布について考えてみよう．正規分布は平均と分散が決まれば決定される．これは，正規分布においては，1次と2次のキュムラント（もしくは同等にモーメント）が与えられれば，より高次のキュムラントは0となるからである[†]．

[†] モーメントは高次でも0にはならないことに注意されたい．

これにより下記がいえる.

$n = 1, 2, 3, \ldots$ について独立な確率変数 X_n が,平均 m_n,分散 $(\sigma_n)^2$ の正規分布に従うとする.ここで,

$$\lim_{n \to \infty} m_n = m, \quad \lim_{n \to \infty} (\sigma_n)^2 = \sigma^2$$

なら,X_n は,平均 m,分散 σ^2 の正規分布に法則収束する.

例題 11.1 ◆ 上記の法則収束についての内容を反映して,つぎの問題を考える.$n = 1, 2, 3, \ldots$ について独立な確率変数 X_n が,平均 $1/2^n$,分散 $1/3^n$ の正規分布に従うとする.このとき,つぎの和を表す確率変数

$$Y_n = X_1 + X_2 + X_3 + \cdots + X_n$$

は,正規分布に法則収束することを示せ.

解答 ◆ まず,平均 m,分散 σ^2 の正規分布に従う確率変数の確率密度関数と特性関数は,以下で与えられる.

$$\text{確率密度関数 } f(x) = \frac{1}{\sqrt{2\pi\sigma^2}} \exp\left\{-\frac{(x-m)^2}{2\sigma^2}\right\}$$

$$\text{特性関数 } \phi(t) = \exp\left(-\frac{t^2 \sigma^2}{2} + imt\right)$$

これらから,Y_n の特性関数を $\phi_n(t)$ とすると,X_n の独立性より

$$\phi_n(t) = \prod_{k=1}^{n} \exp\left\{-\frac{t^2 (\sigma_k)^2}{2} + im_k t\right\} = \prod_{k=1}^{n} \exp\left(-\frac{V[X_k] t^2}{2}\right) \exp(it E[X_k])$$

$$= \exp\left\{\sum_{k=1}^{n} \left(\frac{1}{3^k}\right)\left(-\frac{t^2}{2}\right)\right\} \exp\left(it \sum_{k=1}^{n} \frac{1}{2^k}\right)$$

となる.これより,

$$\lim_{n \to \infty} \phi_n(t) = \exp\left\{\frac{1}{2} \times \left(-\frac{t^2}{2}\right)\right\} \exp(it \times 1) = \exp\left(-\frac{t^2}{4} + it\right)$$

となり,これは平均 1,分散 $1/2$ の正規分布の特性関数であるので,Y_n がこの正規分布に法則収束することが示せた.

11.4 中心極限定理

前節で準備が整ったので，ここから本章の中心である中心極限定理について概説する．まず，すでに述べた大数の（弱）法則による $E[X]$ への収束の様相について述べていく．

実数値をとる確率変数 X の平均 $E[X] = m$ と，分散 $V[X] = \sigma^2$ がともに有限であるとする．ここで，X と同じ確率分布[†]に従う独立な確率変数 $X_1, X_2, X_3, \ldots, X_n$ から

$$\bar{X}_n = \frac{X_1 + X_2 + X_3 + \cdots + X_n}{n}$$

をつくるとき，この確率変数 $\bar{X}_n$ は大数の（弱）法則より，X に確率収束する．

ここで，さらにこの収束の様子をみると，分散が $V[X]/n$ となることより，ばらつきは n に反比例して小さくなる．

これに鑑みて，別の確率変数 Z_n を以下のように定義する．

$$Z_n \equiv \sqrt{n}(\bar{X}_n - E[X]) = \frac{1}{\sqrt{n}} \sum_{k=1}^{n} (X_k - E[X])$$

これは，「規格化された平均」と解釈できるような確率変数である．すると，Z_n の分散は $V[Z_n] = V[X]$ となり，一定で n に依存しない．つまり，平均 $E[Z_n] = 0$ のまわりでのばらつきが，n を大きくしてもほぼ変わらない．

中心極限定理は，この Z_n が平均 0，分散 $V[X]$ の正規分布に法則収束することを主張する．特筆すべきは，X（や X_n）は正規分布に従う必要がないということである．定理の条件を満たせば，一般の確率分布に従う確率変数の「規格化された平均」は，正規分布に従うように収束するのである（図 11.2 参照）．以下に定理の内容を述べよう．

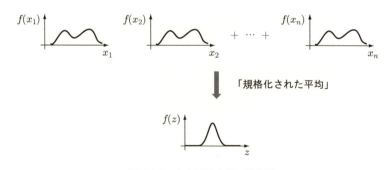

図 11.2　中心極限定理の概念図

[†] 必ずしも同じである必要はないと拡張できる（リンデンベルグの条件）．

11.4 中心極限定理

◆ **中心極限定理**

実数に値をとる確率変数 X は平均 $E[X] = m$ と，分散 $V[X] = \sigma^2$ がともに有限であるとする．ここで，X と同じ確率分布に従う独立な確率変数 $X_1, X_2, X_3, \ldots, X_n$ があるとき，

$$Z_n = \frac{1}{\sqrt{n}} \sum_{k=1}^{n} (X_k - m)$$

は，平均 $E[Z] = 0$ で分散 $V[Z] = \sigma^2$ の正規分布 $N(0, \sigma^2)$ に従う確率変数 Z に法則収束する．

証明のあらすじ

まず，Z_n の特性関数を考える．$\tilde{X}_k = X_k - m$ とおくと，

$$\phi_n(t) = E\left[\exp(itZ_n)\right] = E\left[\exp\left(\frac{it}{\sqrt{n}} \sum_{k=1}^{n} \tilde{X}_k\right)\right]$$
$$= E\left[\prod_{k=1}^{n} \exp\left(\frac{it\tilde{X}_k}{\sqrt{n}}\right)\right] = \left\{E\left[\exp\left(\frac{it\tilde{X}_k}{\sqrt{n}}\right)\right]\right\}^n$$

ここで，

$$g(s) = \begin{cases} \dfrac{\exp(is) - 1 - is}{(is)^2/2} & (s \neq 0) \\ 1 & (s = 0) \end{cases} \tag{11.10}$$

とすると，$g(s)$ は連続で，

$$\exp(is) = 1 + is - \frac{s^2}{2} g(s) \tag{11.11}$$

（この表現はテイラー展開に類似していることに留意）

である．これを使うと，

$$\exp\left(\frac{it\tilde{X}_k}{\sqrt{n}}\right) = 1 + \frac{it\tilde{X}_k}{\sqrt{n}} - \frac{t^2(\tilde{X}_k)^2}{2n} g\left(\frac{t\tilde{X}_k}{\sqrt{n}}\right) \tag{11.12}$$

であるので，$E[\tilde{X}_k] = 0$ を用いて式 (11.12) の平均をとると，つぎのようになる．

$$E\left[\exp\left(\frac{it\tilde{X}_k}{\sqrt{n}}\right)\right] = 1 - \frac{t^2}{2n} E\left[(\tilde{X}_k)^2 g\left(\frac{t\tilde{X}_k}{\sqrt{n}}\right)\right]$$

ここで，t を固定すると，各 X_k について

$$g\left(\frac{t\tilde{X}_k}{\sqrt{n}}\right) \stackrel{n\to\infty}{\to} 1$$

となる．このため，

$$E\left[\exp\left(\frac{it\tilde{X}_k}{\sqrt{n}}\right)\right] \stackrel{n\to\infty}{\to} 1 - \frac{t^2}{2n}E[(\tilde{X}_k)^2] = 1 - \frac{t^2\sigma^2}{2n}$$

である（$E[(\tilde{X}_k)^2] = V[\tilde{X}_k] = \sigma^2$ を用いた）．すると，

$$\phi_n(t) \stackrel{n\to\infty}{\to} \lim_{n\to\infty}\left(1 - \frac{t^2\sigma^2}{2n}\right)^n = \exp\left(-\frac{t^2\sigma^2}{2}\right)$$

となる．これは平均 0，分散 σ^2 の正規分布の特性関数であり，法則収束が示された． ∎

この定理の意味をもう一度考えてみよう．繰り返しになるが，重要なポイントは，平均と分散が有限で独立な確率変数 $X_1, X_2, \ldots, X_n$ については，正規分布に従っていなくても，データ数 n を大きくすると Z_n が正規分布に従うということである．

たとえば，同じ観測対象や実験対象から繰り返しデータをとるような状況を考える．仮定として，観測データが未知ではあるが平均と分散が有限であるという確率分布に従っているとする．手続きとしては以下を行う．

まず，観測されるデータ $X_\mathcal{N}$ までの値から，平均

$$\bar{X}_\mathcal{N} = \frac{1}{\mathcal{N}}\sum_{k=1}^{\mathcal{N}} X_k$$

を計算する．ここで，$\mathcal{N}$ は十分大きな整数とし，$\bar{X}_\mathcal{N}$ は平均値の近似である．

つぎに，各データからの差を計算した，新しいデータ列 $\tilde{X}_k = X_k - \bar{X}_\mathcal{N}$ をつくる．これにより，このデータ $\tilde{X}_k$ の平均は 0 になる．

さらに，このデータ $\tilde{X}_k$ の和をとって，データ数の平方根で割った値

$$Z_n = \frac{1}{\sqrt{n}}\sum_{k=1}^{n} \tilde{X}_k = \frac{1}{\sqrt{n}}\sum_{k=1}^{n}(X_k - \bar{X}_\mathcal{N})$$

を計算する．

そうすると，この値の確率分布は，データ数 n が大きければ，正規分布で近似できるのである．

例題 11.2 ◆ 二項分布に従う確率変数の例を考えよう．確率変数は，離散値をとる場合でも中心極限定理が使えることを示す．ある偏ったコインを投げて，表の出る確

率を p, 裏の出る確率を $1-p$ とする．このコインを n 回投げたとき，表の出る回数を Y_n としよう．

(1) n 回のコイン投げでの Y_n の平均 $E[Y_n]$ と分散 $V[Y_n]$ を求めよ．

(2) n が非常に大きな値になったとき，
$$Z_n \equiv \sqrt{n}\left(\frac{Y_n}{n} - p\right)$$
は，どのような分布に収束するか求めよ．

解答◆ (1) これは章末問題 8.1 で求めた二項分布の平均と分散より，$E[Y_n] = np$ と，$V[Y_n] = np(1-p)$ となる．

(2) k 回目のコイン投げで表が出れば $X_k = 1$, 裏が出れば $X_k = 0$ とする．このとき $X_1, X_2, \ldots, X_n$ はたがいに独立で，それぞれ二項分布 $B_i(1, p)$ に従う．与えられた式を少し変形すると，
$$Z_n = \frac{1}{\sqrt{n}}(Y_n - np) = \frac{1}{\sqrt{n}}(Y_n - E[Y_n]) = \frac{1}{\sqrt{n}}\sum_{k=1}^{n}(X_k - p)$$
となる．これは平均 $E[Z_n] = 0$ で，分散 $V[Z_n] = p(1-p)$ の正規分布に法則収束する．

例題 11.3◆ 平均 m, 分散 σ^2 の確率変数 X について，独立な試行を n 回行うことを考え，データポイントを $X_1, X_2, X_3, \ldots, X_n$ とする．
$$\bar{X}_n = \frac{X_1 + X_2 + X_3 + \cdots + X_n}{n}$$
とするとき，n が十分大きければ，
$$Z_n \equiv \sqrt{n}\frac{\bar{X}_n - m}{\sigma}$$
は，どのような分布に収束するか求めよ．

解答◆ この問題でも同様に式変形をしていくと，つぎのようになる．
$$Z_n = \frac{1}{\sqrt{n}}\sum_{k=1}^{n}\frac{X_k - m}{\sigma}$$
X_k/σ はたがいに独立で，それぞれが平均 m/σ, 分散 1 の確率変数となる．したがって，これは平均 $E[Z_n] = 0$, 分散 $V[Z_n] = 1$ の標準正規分布 $N(0, 1)$ に法則収束する（この例題は，分散でも「規格化」したことに留意してほしい）．

この例題 11.3 の場合について，もう少し考察して，中心極限定理の応用への道筋を考えよう．

n が十分大きいとき,Z_n は $N(0,1)$ に法則収束するため,Z_n の確率密度関数は,

$$f_Z(z) = \frac{1}{\sqrt{2\pi}} e^{-\frac{z^2}{2}}$$

である.これを $[-3,3]$ の範囲で積分すれば,

$$\int_{-3}^{+3} f_Z(z)\,dz \approx 0.997 \geq 0.99$$

となるので,$-3 \leq Z_n \leq 3$ すなわち,$-3 \leq \sqrt{n}(\bar{X}_n - m)/\sigma \leq 3$ が成り立つ確率は 0.99 以上である.

これを使えば,もし $E[X_i] = m$,$V[X_i] = \sigma^2$ $(i = 1, 2, \ldots, n)$ がわかれば(仮に理論的にでも推定できれば),n 回の試行を繰り返したときの $\bar{X}_n$ の値については,n が十分大きければ,

$$m - \frac{3\sigma}{\sqrt{n}} \leq \bar{X}_n \leq m + \frac{3\sigma}{\sqrt{n}}$$

が成り立つ確率が 0.99 以上であるとして,推測できる.

例題 11.4◆ 上記で,$\sigma = 1$ とする.ここで,$n = 10, 100, 10000$ のときに,具体的にどのような範囲式になるか求め,比較せよ.

解答◆ 純粋に,式に数値を代入すると,以下を得る.
$n = 10$ のとき,$m - 0.95 \leq \bar{X}_n \leq m + 0.95$
$n = 100$ のとき,$m - 0.3 \leq \bar{X}_n \leq m + 0.3$
$n = 10000$ のとき,$m - 0.03 \leq \bar{X}_n \leq m + 0.03$
n が大きくなれば,$\bar{X}_n$ が 0.99 以上の確率で上記の範囲内にあり,$\sqrt{n}$ に反比例する形で,より平均 m に近づき $\bar{X}_n$ の範囲が狭まっていくということを示している.

―――――――――― 章末問題 ――――――――――

11.1◆ 独立な確率変数 $X_1, X_2, \ldots, X_n$ が同一の指数分布に従い,その確率密度関数は

$$f(x) = \begin{cases} \lambda e^{-\lambda x} & (0 \leq x) \\ 0 & (x < 0) \end{cases}$$

であるとする.すでに求めたように,以下がいえる.

(i) 確率変数 $X_1, X_2, \ldots, X_n$ の特性関数は $\phi(t) = \dfrac{\lambda}{\lambda - it}$ である.

(ii) 確率変数 $X_1, X_2, \ldots, X_n$ の平均は $\dfrac{1}{\lambda}$,分散は $\dfrac{1}{\lambda^2}$ である.

(1) 確率変数として $Z_n = \dfrac{\lambda}{\sqrt{n}} \sum_{k=1}^{n} \left(X_k - \dfrac{1}{\lambda} \right)$ を考える．ここで，Z_n の平均と分散を求めよ．

(2) Z_n の特性関数 $\phi_{Z_n}(t)$ を求めよ．

(3) $\displaystyle \lim_{n \to \infty} \ln[\phi_{Z_n}(t)]$ を求め，中心極限定理が成り立つことを示せ．

12 ランダムウォーク

コイン投げを繰り返す例についてはすでに述べてきたが，このように独立した試行を繰り返した結果や積み重ねがどのようになるかということは，物理現象から市場経済まで，幅広い対象にとって興味のあるところである．ランダムウォークは，このような問題について数理的に考えるための重要な概念，そして道具である．定義は非常に簡単であるが，意外に思われる性質も多々あり，豊かな数理現象を生み出す．この章ではそのいくつかを紹介する．（参考文献： [3, 4, 5, 7, 13, 16, 17]）

12.1 単純ランダムウォーク

コインを1回投げたときの表の出る確率が p であるコイン投げを繰り返して，その結果によって，±1の点数や左右のステップを積み重ねていく状況を想像してほしい．この状況を，図12.1(b)では，横軸にステップ数（時間）そして，縦軸には位置をとって表現している．

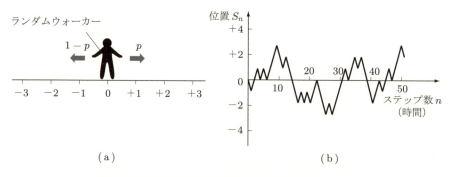

図 12.1 ランダムウォークの概念図と位置（得点）の変化

各ステップで，確率変数 X_i が ±1 の二値を

$$X_i = +1 \text{ を確率 } p, \quad X_i = -1 \text{ を確率 } q = 1 - p$$

でとり，また，X_i（各1歩）が独立なとき，これらの和

$$S_n = X_1 + X_2 + \cdots + X_n$$

を**単純ランダムウォーク**として定義する．単純ランダムウォークはこの得点（位置）の動きを示す．具体的には，図 12.1(a) のようにランダムウォークをする人（ランダムウォーカー）が原点より出発し，偏りのあるコインを投げて表が出れば +1，裏が出れば −1 に動く．そこで，またコインを投げて同様に移動するという操作を n 回繰り返すのである．

定義は上記のように非常に簡単であるが，後に述べるように，非常に不思議な性質をもっている．ここでは，まず基本的な性質について述べよう．

(i) 各ステップの平均と分散はつぎのようになる．

$$E[X_i] = p - q, \quad V[X_i] = 4pq$$

(ii) X_i の独立性より，n ステップ後の平均と分散はつぎのようになる．

$$E[S_n] = n(p-q), \quad V[S_n] = 4npq$$

(iii) n ステップ後に，ランダムウォーカーが位置 x にいる確率分布 $P(S_n = x)$ を考える．n 回のうち +1 ステップの歩数を j_+，−1 ステップの歩数を j_- とするとき，

$$n = j_+ + j_-, \quad x = j_+ - j_-$$

となるので，

$$j_+ = \frac{n+x}{2}, \quad j_- = \frac{n-x}{2}$$

となる．これらを用いると，確率分布 $P(S_n = x)$ は以下で与えられる．

$$P(S_n = x) = \begin{cases} \binom{n}{j_+} p^{j_+} q^{j_-} = \binom{n}{(n+x)/2} p^{\frac{n+x}{2}} q^{\frac{n-x}{2}} \\ \qquad\qquad (-n \leq x \leq n \text{ かつ } n+x \text{ が偶数}) \\ 0 \quad \text{（上記以外）} \end{cases}$$

(12.1)

例題 12.1 ◆ 上記で，$p = 3/4$ のとき，$E[S_n], V[S_n], P(S_n = x)$ を計算せよ．

解答 ◆ 性質 (ii) より，つぎのようになる．

$$E[S_n] = n(p-q) = \frac{n}{2}$$

$$V[S_n] = 4npq = \frac{3}{4}n$$

また，式 (12.1) を活用し，直接代入すると，以下が得られる．

$$P(S_n = x) = \begin{cases} \binom{n}{(n+x)/2} \dfrac{3^{\frac{n+x}{2}}}{4^n} & (-n \leq x \leq n \text{ かつ } n+x \text{ が偶数}) \\ 0 & (\text{上記以外}) \end{cases}$$

単純ランダムウォークで $p = q = 1/2$ の場合を，**対称単純ランダムウォーク**とよぶ．コイン投げでいえば，表裏の出る確率が等しいコインを用いることになる．このとき，上記の性質は以下のようにより単純になる．

(i)　各ステップの平均と分散

$$E[X_i] = 0, \quad V[X_i] = 1$$

(ii)　n ステップ後の平均と分散

$$E[S_n] = 0, \quad V[S_n] = n$$

(iii)　n ステップ後に，x にいる確率分布 $P(S_n = x)$

$$P(S_n = x) = \begin{cases} \binom{n}{j_+}\left(\dfrac{1}{2}\right)^n = \binom{n}{(n+x)/2}\left(\dfrac{1}{2}\right)^n \\ \qquad\qquad (-n \leq x \leq n \text{ かつ } n+x \text{ が偶数}) \\ 0 \quad (\text{上記以外}) \end{cases}$$

これらの性質のなかで，とくに注目すべきは，$V[S_n] = n$ という関係である．この意味について考えてみよう．まず，n はステップ数だったので，所要時間である．つまり，「分散が時間に比例」している．

また，動きの幅の平均である標準偏差が $\sqrt{n}$ となることがわかる．つまり，動きの幅の平均は，「時間の平方根に比例」して広がっていく．一方，一般に，一定の速さで運動をしている物体の動きの変化は，「時間に比例」する．両者を比べれば，ランダムウォークの動きの幅の広がり方のほうが遅い．これは，ランダムウォークが行ったり来たりしていることを鑑みれば不思議ではない．

この「分散が時間に比例」（もしくは，「標準偏差が時間の平方根に比例」）するという性質は，この後で述べる確率過程（確率を時間の関数として考える）のさまざまな局面で現れる「肝」であるので，よく覚えておいてほしい．

12.2 ランダムウォークの「道」表現

ランダムウォークについて考察するときに，各時刻で1歩1歩がどのような軌跡（「道」）をたどったのかを表現することで，いくつかの興味深い性質を明らかにすることができる．ここでは，対称単純ランダムウォークを用いて，その手法について解説していく．

図 12.2 において，道表現の一つの例を示した．これは，ランダムウォーカーが，各時刻において，どの位置を通って，時刻ステップ n に位置 x にいたったかの詳細を，折れ線グラフとして表したものである．この折れ線グラフを「道」とよぶ．原点は，時刻 0 で位置 0 からの出発を意味する．多くのランダムウォーカーからなる集団があるとすると，それぞれは一つの道をもち，集団としての性質が確率と結びつく．たとえば，原点から n ステップまでの道の総数は 2^n であり，対称単純ランダムウォークであれば，どの道が出現する確率も等しいので，一つの道が出現する確率は $1/2^n$ である．

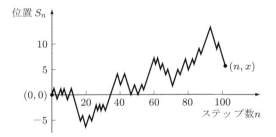

図 12.2 ランダムウォークの「道」表現

では，図 12.2 にあるように，原点から出発し，時刻ステップ n に位置 x にいたる道の本数，すなわち，グラフの上では $(0,0)$ から (n,x) にいたる道の本数，$R(n,x)$ を考えよう．これは下記の式で表すことができる．

$$R(n,x) = \begin{cases} \binom{n}{(x+n)/2} & (|x| \leq n, n+x \text{ が偶数のとき}) \\ 0 & (\text{それ以外}) \end{cases} \tag{12.2}$$

ステップ数より遠くの位置にはいたれないし，また，各ステップで必ず1歩動くので，ステップ数と位置の偶奇がそろうことが必要であるため，式 (12.2) のように条件分けされる．

この $R(n,x)$ を基準にして，いくつかの性質を考えてみよう．

まず，原点の移動に関して $R(n,x)$ は不変ということを示す．これは，つぎの性質が成り立っているということである（ただし，$0 \leq n_0 \leq n, |x_0| \leq n_0, |x| \leq n$ であり，

$n_0 + x_0, n + x$ がともに偶数という条件がつく).

◆ 原点移動の不変性

(n_0, x_0) から (n, x) への道の本数は,原点 $(0,0)$ から $(n - n_0, x - x_0)$ への道の本数,すなわち $R(n - n_0, x - x_0)$ と等しい.

図 12.3 をみてもらうと,直感的に上記の正しさは理解してもらえると思う.別のいい方をすれば,単純ランダムウォークでは特別な位置は存在しないので,どこを原点にとってもかまわないということである.

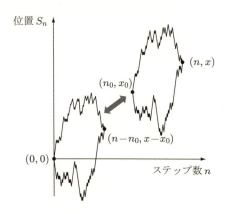

図 12.3 原点移動の不変性

つぎに考えるのは,いま述べた $R(n, x)$ の性質を使いながら,ある限られた範囲を通る道の本数を数える場合である.このために,**鏡像原理**という下記の性質を述べる.出発点 A $= (n_0, x_0)$ と到達点 B $= (n, x)$ を考える.ただし,$0 \le n_0 \le n, 0 < x_0, 0 < x$ である.また,点 A の横軸に対する鏡像である点 A' $= (n_0, -x_0)$ を考える.

◆ 鏡像原理

点 A から点 B への道で,横軸に接するか横軸を横切るような道の本数…(i) は,点 A' から点 B への道の本数 $R(n - n_0, x + x_0)$ …(ii) と同じである.

点 B への道の本数について,(i) には,グラフでランダムウォーカーの位置が,0 か負になることがある道だけを数えるという制限があるが,(ii) にはとくにそのような制限がなく,これまでの議論から,$R(n - n_0, x + x_0)$ として得ることができる.この証明は,章末問題 12.1 で考えることにするが,道表現の図 12.4 を使うとわかりやすい.

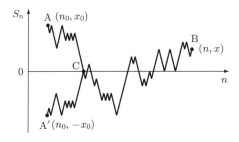

図 12.4 鏡像原理の概念図

12.3 投票の問題と初到達時間の問題

前節の道表現を用いて，具体的な問題を考察しよう．

原点から (n,x) $(0 < x \le n)$ への正の道の本数を求める．ただし，正の道とは，原点を出発後 x にいたるまで，一度も位置 0 に戻ることがない道，つまり軌跡の上のすべての点が横軸よりも上にある道をいう．

この本数を求めるにあたって，正の道の性質を使う．定義より，正の道は必ず，まず第 1 歩目に正の方向に進む．つまり，正の道は必ず $(1,1)$ を通る．これより，求めたい原点から (n,x) への正の道の本数は，$(1,1)$ から (n,x) への正の道の本数と一致する．さらに，これは下記のように考えられる．

$(1,1)$ から (n,x) への正の道の本数

$= (1,1)$ から (n,x) へのすべての道の本数

$\quad - (1,1)$ から (n,x) への横軸に接するか横軸を横切るような道の本数

$= R(n-1, x-1) - R(n-1, x+1)$

$= \begin{pmatrix} n-1 \\ \{(n-1)+(x-1)\}/2 \end{pmatrix} - \begin{pmatrix} n-1 \\ \{(n-1)+(x+1)\}/2 \end{pmatrix}$

$= \dfrac{x}{n} \begin{pmatrix} n \\ (x+n)/2 \end{pmatrix} = \dfrac{x}{n} R(n,x)$ \hfill (12.3)

計算の途中（章末問題 12.2）は省略したが，結果は驚くほど単純になった．正の道の本数の割合は，全体のなかの x/n なのである．

具体的な応用として「投票の問題」がある．これは，つぎのようなものである．

ある選挙があり，A, B の 2 人の候補から 1 人を選ぶことになった．このとき，投票者はどちらにも優劣がつけがたかったので，両者に等しい確率，すなわち，それぞれへ 1/2 の確率で投票を行った．その結果，A が a 票，そして B が b 票で，$a > b$ で

A が選ばれた．このとき，1 票ずつの開票作業において，票数で A がつねに B をリードしていた確率はどうなるか．

この問題は，開票して A であれば +1, B であれば −1 に動くランダムウォークと考える．すると，$a+b$ 票すべてが開票されたときの票差 $a-b$ が，このランダムウォークの位置となる．よって，上記の例を用いて，$x = a-b, n = a+b$ とすれば，A がつねに B をリードしていた確率はつぎのように求められる．

$$\frac{a-b}{a+b}$$

この問題を，勝ち負けが等確率の 2 人の棋士が，8 試合からなるタイトル戦を戦って，5 勝 3 敗であったとき，つねに勝者がリードしていた確率と読みかえると，その確率は $(5-3)/(5+3) = 25\%$ である．すなわち，各試合の勝敗は等確率であるにもかかわらず，つねに一方がリードしていた．つまり，負けた側としては，対戦中に一度も五分五分にもっていけなかった確率が 25% ということである．その確率としては大きいと感じないだろうか．逆にいえば，タイトル戦でつねにリードされて負けたとしても，力量に差があるとは確実にはいえないのである．

例題 12.2 ◆ 上記のタイトル戦が，10 戦で 6 勝 4 敗，20 戦で 11 勝 9 敗，50 戦で 26 勝 24 敗となるとき，勝者がつねにリードしていた確率をそれぞれ求めよ．

解答 ◆ 数値を代入すると，

$$10 \text{ 戦}: \frac{2}{10} = 0.2, \quad 20 \text{ 戦}: \frac{2}{20} = 0.1, \quad 50 \text{ 戦}: \frac{2}{50} = 0.04$$

であり，試合数が増えれば，同じ力量の棋士のどちらかが僅差で勝ったとき，一方的にリードしていた確率は小さくなっていくということがわかる．

例題 12.3 ◆ ランダムウォークにおいて，原点を出発して，時刻ステップ n で初めて $x(>0)$ に到達する道の本数を求めよ．

解答 ◆ ここでは，「初めて」というのが注意点である．これは，n ステップ目で x に到達するが，それより前に x に到達していた道は除外して数えるということを意味する．たとえば，図 12.5 の左のグラフの道 A は，「初めて」の条件を満たしているが，道 B はそうではないので除外する．

この問題は，図 12.5 の右のグラフのように新しい座標系をとりいれることで，すでに述べた正の道の本数にエレガントに帰着できる．よって，求める本数は，式 (12.3) と同様につぎのようになる．

$$\frac{x}{n} R(n, x)$$

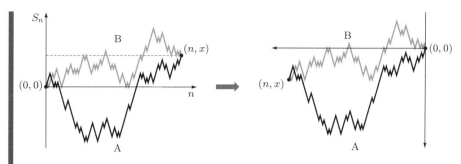

図 12.5 初到達時間の解説図：新しい座標系を終点を原点として導入している．

　この問題は「初到達時間の問題」ともよばれる．実社会においては，たとえば，（非現実的ではあるとしても）ある株価の動きを対称単純ランダムウォークでモデル化するとして，ある期間内にこの株価が一定の価格レベルに達する確率などを考えるときに必要となる．

12.4　原点への復帰の問題

　ここでは，ランダムウォークの意外な性質がみえる例として，原点から出発したランダムウォーカーが，原点に戻ることに関するいくつかの性質を考えよう．より具体的には，まず原点から出発したランダムウォーカーが，時刻 $2m$（m は自然数）に原点に戻ることを考える．道表示でいえば，$(0,0)$ から $(2m,0)$ への道を考える．この道の総数は，前節でみたように，

$$R(2m,0) = {}_{2m}\mathrm{C}_m = \binom{2m}{m}$$

となる．正と負のステップがそれぞれ m ステップ（$2m$ ステップのちょうど半分）をとったときが，原点に戻るときであり，そのときに，$2m$ ステップのどこで正（負）のステップをとるかの組合せの数は ${}_{2m}\mathrm{C}_m$ になる．

　これより，$n=2m$ で $x=0$ に戻る確率を r_{2m} とすると，どの道の起きる確率も同じであるので，以下となる．

$$r_{2m} = \frac{1}{2^{2m}} \, {}_{2m}\mathrm{C}_m$$

　つぎに，$n=2m$ で初めて $x=0$ に戻る確率 f_{2m} を考える．ここでも，「初めて」が重要であり，r_{2m} と f_{2m} の違いに留意してほしい．また，両者の間には下記の関係がある（章末問題 12.3）．

$$f_{2m} = r_{2m-2} - r_{2m} \quad (m \geq 1)$$

よって，r_{2m} の定義より

$$\begin{aligned}
f_{2m} &= \frac{1}{2^{2m-2}} \frac{(2m-2)!}{(m-1)!(m-1)!} - \frac{1}{2^{2m}} \frac{(2m)!}{m!m!} \\
&= \frac{1}{2^{2m-2}} \frac{(2m-2)!}{(m-1)!(m-1)!} \left\{ 1 - \frac{1}{2^2} \frac{2m(2m-1)}{m^2} \right\} \\
&= \frac{1}{2^{2m-2}} \left(\frac{1}{2m} \right) \frac{(2m-2)!}{(m-1)!(m-1)!} \\
&= \frac{1}{2^{2m-1}} \left(\frac{1}{2m-1} \right) \frac{(2m-1)!}{(m-1)!m!}
\end{aligned}$$

となるので，

$$f_{2m} = \frac{1}{2^{2m-1}} \left(\frac{1}{2m-1} \binom{2m-1}{m} \right) \quad (m \geq 1)$$

として計算できる．具体的に m に値を代入すれば，

$$f_2 = 0.5, \quad f_4 = 0.125, \quad f_6 = 0.0625, \ldots$$

のように計算することができる．

例題 12.4◆ 上記のランダムウォークについて，$n = 2m$ までに $x = 0$ に戻る確率を求めよ．

解答◆ 上記を用いると，初めて戻る事象は排他的なので，f を足しあわせることで，求められる．

$$f_2 + f_4 + f_6 + \cdots + f_{2m} = (r_0 - r_2) + (r_2 - r_4) + \cdots + (r_{2m-2} - r_{2m})$$
$$= 1 - r_{2m}$$

面白いことに，$n = 2m$ で $x = 0$ に戻る確率 r_{2m} は，$n = 2m$ まで（$2m$ も含めて）に，一度も $x = 0$ に戻らない確率でもある．

例題 12.5◆ 上記のランダムウォークについて，いつかは $x = 0$ に戻る確率はどうなるか．

解答◆ 同様に f_{2m} を m の無限大まで足しあわせると，以下となる．

$$f_2 + f_4 + f_6 + \cdots = (r_0 - r_2) + (r_2 - r_4) + \cdots = \lim_{m \to \infty} (1 - r_{2m}) = 1$$

つまり，ランダムウォーカーは，いつかは必ず原点に復帰する．

さらに委細は専門書をみてもらいたいが，この原点に必ず復帰する性質は，2次元の正方格子上（つまり，碁盤の目のような格子で，等確率でのつぎの移動の候補が，左右前後の四つある格子の上）でも成り立つ．しかし，ジャングルジムのような，等確率での移動の候補が上下左右前後の六つある，3次元の立方格子上のランダムウォークでは，この性質は成り立たない．3次元においては，いつかは原点に戻る確率は約0.35である．つまり，ランダムウォーカーの集団が原点を出発すると，1次元，2次元ではすべて戻れるのだが，3次元では3割強のみである．この理由をざっくりとした感覚でいうと，次元が大きくなれば，原点を通らなくても原点の反対側にいける，つまり原点をすり抜けられるような道の数が増えるからといえる．次元の変化で突然性質が変わることはランダムウォークの興味深い性質の一つである．

例題 12.6 ◆ ランダムウォーカーが1次元で必ず戻ってこられる場合，上記の原点復帰の平均時間はどうなるか．

解答 ◆ これは図 12.6 にある復帰時間の平均をとればよく，期待値の定義にそって，

$$\sum_{m=1}^{\infty} 2m f_{2m} \tag{12.4}$$

を計算する．ここで，スターリングの公式を用いると，$n! \approx n^n e^{-n}\sqrt{2\pi n}$ より，

$$f_{2m} \approx \frac{1}{2\sqrt{\pi}m^{\frac{3}{2}}}$$

となるので，

$$2m f_{2m} \approx \frac{1}{\sqrt{m\pi}}$$

である．よって，式 (12.4) は発散するので，原点復帰の平均時間は無限大である．

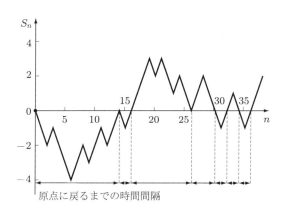

図 12.6　原点への復帰の時間間隔の例

すなわち，ランダムウォーカーはいつかは原点に戻ってくるのだが，その平均時間は，最初の復帰であっても無限大となる．原点で見送ったランダムウォーカーが戻ってくるまでの時間はすぐかもしれないし，遠い将来かもしれない．しかし，その平均待ち時間は無限大になると例題12.6は述べている．これもランダムウォークの興味深い性質の一つである．

12.5 逆正弦定理

前節では，1次元の対称単純ランダムウォークにおいて，その単純さからは，「意外な」興味深い性質があることを垣間みた．ここでは，その意外さの代表例ともいえる逆正弦定理について述べる．これはつぎの問題に関する定理である．

> 対称単純ランダムウォークが，ある時刻ステップまでの時間のなかで，道表現において，横軸より上にいる合計時間と下にいる合計時間の比率はどうなるか．

互角の力をもつAとBの対戦などにおいては，上記はそれぞれのプレーヤーがリードしている合計時間の比率である．20試合（ステップ）までの一例を，図12.7に示した（横軸上にあるときは，つぎのステップに上か下かでそれぞれに算入するとする．また，原点は除外する）．

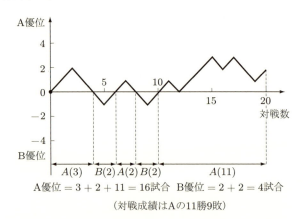

図12.7 2人のプレーヤーによるゲームの優劣の試合数の例

さて，常識的には，これは互角の力であるので，同じ比率で半分ずつの合計時間となる確率がもっとも高く，どちらかに偏った比率となる確率がもっとも低いと感じられるであろう．しかし，意外なことに，事実はまったく逆で，同じ比率がもっとも確率が低く，より偏った比率が高い確率となるのである．これが**逆正弦定理**である．この事実を示すために，1試行あたり20試合（ステップ）のランダムウォークを100万

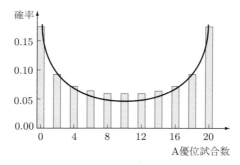

図 12.8 逆正弦定理の具体例．1 人のプレーヤーの優位時間が偏って起きる確率のほうが大きい．

試行（つまり，100 万タイトル戦）したとき，横軸より上にいるときの合計時間ステップと，その起きる確率を，計算機で計算した（図 12.8 の棒グラフ参照）．これをみると，明らかに上記の「常識的でない」結果となっている．

委細を省いた理論的な説明を下記に述べよう．定理の中心はつぎの確率である．

$g(2s, 2m)$ $(0 \leq m, 0 \leq s \leq m)$ を，$2m$ 時刻ステップまでの時間のなかで，合計ステップ数 $2s$ の間，横軸の上にランダムウォーカーが存在する確率とする．すると，これは前節で考察した確率 r を用いて以下のように与えられる（章末問題 12.4）．

$$g(2s, 2m) = r_{2s} r_{2m-2s} \tag{12.5}$$

この式に，上記の数値計算と比較できるように，$m = 10$ を代入して s を変えて計算機で計算すると，表 12.1 となり，結果は数値計算と近似的に一致する．

表 12.1 20 試合での優位試合数の確率

A 優位試合数	0	2	4	6	8	10
確率	0.176	0.093	0.074	0.066	0.061	0.060
A 優位試合数	12	14	16	18	20	
確率	0.061	0.065	0.074	0.093	0.176	

例題 12.7 ◆ $g(2s, 2m)$ に $m = 20, 100$ を代入して，s を変えて計算機で計算して，グラフを描け．

解答 ◆ それぞれにおいて，$g(2s, 2m)$ を定義に則って計算した結果を図 12.9 に示す．また，いくつかの計算結果を表 12.2 に示した．

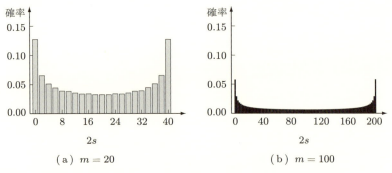

(a) $m = 20$

(b) $m = 100$

図 12.9 例題 12.7 の解答のグラフ．m が大きくなると，偏らない場合の確率は，偏った場合の確率に比べて，より小さくなっていることに留意する．

表 12.2 $g(2s, 2m)$ の値

(a) $m = 20$

$2s$	0	4	8	12	16	20	24	28	32	36	40
確率	0.125	0.050	0.038	0.034	0.032	0.031	0.032	0.034	0.038	0.050	0.125

(b) $m = 100$

$2s$	0	20	40	60	80	100	120	140	160	180	200
確率	0.056	0.010	0.008	0.007	0.006	0.006	0.006	0.007	0.008	0.010	0.056

さらに m を大きくしたときに，スターリングの公式を使うと，

$$g(0, 2m) = g(2m, 2m) \approx \frac{1}{\sqrt{\pi m}} \tag{12.6}$$

$$g(2s, 2m) \approx \frac{1}{\pi \sqrt{s(m-s)}} \quad (0 < s < m) \tag{12.7}$$

となり，これらから，下記の近似が成り立つ．

$$g(2s, 2m) \approx \frac{1}{m} \mu\left(\frac{s}{m}\right), \quad \mu(x) \equiv \frac{1}{\pi \sqrt{x(1-x)}} \tag{12.8}$$

この $\mu(x)$ を用いた近似は，図 12.8(a) に実線で示した．ここで，この関数の m を大きくとり $(1/m \approx dx)$，$0 \leq x \leq q$ の範囲で積分すると，

$$\int_0^q \mu(x) dx = \frac{2}{\pi} \arcsin \sqrt{q}$$

が得られる．この積分の意味は，図 12.10 で示すように，ランダムウォーカーが動く時間全体のなかで，横軸より上の部分に滞在する時間の割合 q $(0 < q < 1)$ の累積確率分布である．ここに逆正弦関数 arcsin が出てくるので，定理の名前になっている．

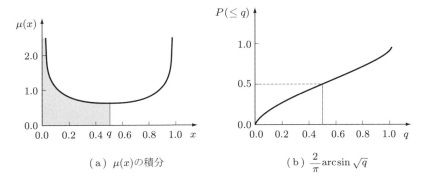

(a) $\mu(x)$の積分　　　(b) $\dfrac{2}{\pi}\arcsin\sqrt{q}$

図 12.10 逆正弦定理の解説図．$\mu(x)$ の q までの累積確率が灰色部分の面積で，これが $P(\leq q)$ の値である．

◆ 逆正弦定理

> 対称単純ランダムウォークにおいて，ランダムウォーカーが動く時間全体のなかで，横軸より上の部分に滞在する時間の割合 q $(0 < q < 1)$ の累積確率分布 $P(\leq q)$ は，以下となる．
>
> $$P(\leq q) = \frac{2}{\pi}\arcsin\sqrt{q} \tag{12.9}$$

この意外な性質が，どのようにして起きるかについて考えてみよう．ランダムウォークの分散が，時間ステップに比例して増大していくことを思い起こしてほしい．時間

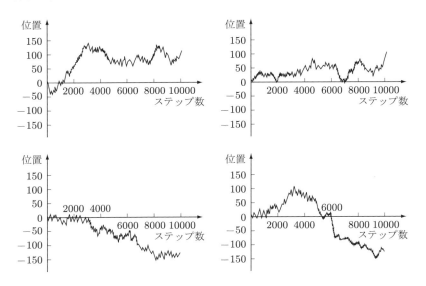

図 12.11 1万ステップのランダムウォークの軌跡の例

が長く経てば経つほど，原点から離れていく確率も増えていくのである．ということは，なかなか原点には戻りにくく，横軸の反対側には行きにくくなる．つまり，上下のどちらかに偏る時間が長く，どちらかに偏る現象は起きやすくなるのである（図12.11に，1万ステップのランダムウォークの例をいくつか示した）．

12.6　対称単純ランダムウォークの拡張

ここでは，これまで考察してきた1次元の対称単純ランダムウォークの拡張を考える．一言に拡張といっても，さまざまな可能性があるのだが，ここでは二つの例を示す．12.6.1項は，各ステップの大きさが1に限らず，実数値をとる確率変数の場合，12.6.2項は，ランダムウォークの移動できる範囲が限られている場合の例である．

12.6.1　各ステップの大きさが実数値をとる確率変数のランダムウォーク

実数値をとる確率変数 $X_1, X_2, X_3, \ldots$ が独立で同一の確率分布に従い，$E[X_i] = m, V[X_i] = \sigma^2$ とする（つまり $X_i \neq \pm 1$ の場合も含む）．これらの和

$$S_n = X_1 + X_2 + X_3 + \cdots + X_n$$

は，拡張されたランダムウォークである．この場合は，各ステップの大きさは1に固定されておらず，確率的に決まる．

このランダムウォークについては，以下の性質が成り立つ．

(i) 　$E[S_n] = nm, \quad V[S_n] = n\sigma^2$ 　　　（前出）

(ii) 　$n' > n$ のとき，

$$S_n = X_1 + X_2 + X_3 + \cdots + X_n$$
$$S_{n'} - S_n = X_{n+1} + X_{n+2} + X_{n+3} + \cdots + X_{n'}$$

であり，和の要素が重ならないため $S_{n'} - S_n$ と S_n は独立である．

(iii) 　$n' > n$ のとき，

$$Cov[S_{n'}, S_n] = Cov[(S_{n'} - S_n) + S_n, S_n]$$
$$= Cov[(S_{n'} - S_n), S_n] + Cov[S_n, S_n]$$
$$= 0 + V[S_n] = n\sigma^2$$

である．したがって，$S_{n'}$ と S_n は正の相関がある．

(iv) 　$n' > n$ のとき，相関係数は

$$\rho_{S_{n'}S_n} = \frac{Cov[S_{n'}, S_n]}{\sqrt{V[S_{n'}]}\sqrt{V[S_n]}} = \frac{n}{\sqrt{n'}\sqrt{n}} = \sqrt{\frac{n}{n'}}$$

である．つまり，n と n' が近いほど相関係数は 1 に近く，平均 m, 分散 σ^2 にも依存しない．

例題 12.8◆ 上記の性質において，$m=0, \sigma^2=1$ として，対称単純ランダムウォークの場合の性質を導け．

解答◆ 直接の代入により確認されたい．

12.6.2 制限的ランダムウォーク

ランダムウォークで動ける領域が制限されている場合，その領域の端に「壁」があると考えられる．壁には通常 2 種類ある．

・**反射壁** つぎのステップで，必ず前のステップでいたところに戻る．
・**吸収壁** 到達すると，ランダムウォークが吸収され，終結する．

例として，原点に反射壁，$x=b$ に吸収壁がある単純ランダムウォークを考える（図 12.12 参照）．ここで，それぞれのステップの確率は $P(+1)=p, P(-1)=q=1-p$ とする（ここでは，$p \neq q$ のときを考える）．

以降では，原点から出発したランダムウォークが b にて吸収される，すなわち $x=b$ に到達するまでの平均時間 m_b を求めよう．

図 12.12 反射壁と吸収壁をもつランダムウォークの概念図

この問題の解き方はやや込み入るが，実は，ランダムウォークに関する考え方において典型的かつエレガントな関係が出てくるので，下記を読んでみてほしい．

まず，N_k を，$x=k$ から $x=k+1$ までのステップ数（時間）として，$e_k = E[N_k]$（すなわち N_k の平均）とすると，明らかに

$$m_n = e_0 + e_1 + e_2 + \cdots + e_{n-1}$$

が出発から $x=n$ までの平均所要時間である．ここでは題意より以下であることに留意する．

$$N_k = \begin{cases} 1 & (\text{確率 } p) \cdots (\text{i}) \\ 1 + N_{k-1} + N'_k & (\text{確率 } q) \cdots (\text{ii}) \end{cases}$$

ここで，(ii) は 1 歩目に -1 のステップをとり，$x = k-1$ にいき，N_{k-1} で $x = k$ に戻り，最後に $x = k+1$ へ N'_k ステップで着くことを表す．この N'_k は N_k とは違う確率変数になるが，同じ確率分布に従う．ここで，平均をとり計算をすると，

$$e_k = 1 + (e_{k-1} + e_k)q$$

となり，エレガントに e_k と e_{k-1} を結びつける関係（再帰関係）

$$e_k = \frac{1}{p} + \frac{q}{p} e_{k-1}$$

を得る．なお，原点が反射壁であることから，$e_0 = 1$ であり，これらから e_k について解くと，

$$e_k = (1-s)r^k + s \quad \left(r \equiv \frac{q}{p}, s \equiv \frac{1}{p-q}\right)$$

となり，和をとると平均時間 m_n を求められる．

$$m_n = \sum_{k=0}^{n-1} e_k = sn + (1-s)\frac{1-r^n}{1-r}$$

ここで，$n = b$ とおけば，問題の解が得られ，

$$m_b = sb + (1-s)\frac{1-r^b}{1-r}$$

となる．なお，$p = q = 1/2$ の場合は，より単純になる（章末問題 12.5）．

章末問題

12.1◆ 鏡像原理が成り立つことを，図 12.4 を使って確認せよ．

12.2◆ $(0,0)$ から (n,x) への正の道の本数が，式 (12.3) のように $\frac{x}{n}R(n,x)$ となることを途中の計算も含めて確かめよ．

12.3◆ ランダムウォークの原点への復帰（12.4 節）に現れた，初めての復帰の確率 f_{2m} に関する下記の関係式が成り立つことを示せ．

$$f_{2m} = r_{2m-2} - r_{2m} \quad (m \geq 1)$$

12.4◆ 逆正弦定理（12.5 節）で述べた，定理の中心となる $g(2s, 2m) = r_{2s}r_{2m-2s}$ の関係式は，帰納法で証明することができる（委細は文献 [7] などを参照のこと）．そ

のなかで下記の関係式を用いるが，これを確認せよ．

$$r_{2m} = \sum_{k=1}^{m} f_{2k} r_{2m-2k}$$

12.5◆ 12.6.2 項でとりあげた制限的ランダムウォークのように，原点に反射壁があり，$x = b$ に吸収壁がある問題で，移動の確率が対称で $p = q = 1/2$ の場合について，原点から出発して $x = b$ に到達するまでの平均時間 m_b を求めよ．

13 マルチンゲール

投げられた野球ボールが放物線を描くように，何かしらの法則に従って変化するものであれば，その法則についての知識を得たり，観測をすることで，過去と現在の状態や情報から，つぎの変化についての予測をすることができる場合がある．確率変数の時間的な変化として定義される確率過程についても，同様の考察を行うことができる．独立したコイン投げやサイコロ投げのように，独立な確率過程では現在までの情報からつぎに起きることの予測はできない．これより少しは予測ができる状況として，現在までの情報から，つぎの時刻の確率変数の期待値が現在の時刻の値と一致するという場合がある．これは，つぎの時刻の期待値は現在起きた値として予測できるが，実際より大きくなるか，小さくなるかなどは予測できないという場合である．このような主旨の性質をもつ場合を，確率過程がマルチンゲール（公正な賭け）であるという．経済市場が公平性を保つための基礎にもなる性質で，実際，ファイナンスの理論などでは，マルチンゲールは重要な概念の一つである．本章では，この性質について解説をする．（参考文献：[12, 14]）

13.1 マルチンゲール

確率過程は時間 t とともに変化する確率変数 $X(t)$ の時間発展のことであり，連続時間でも離散時間でも考えることができる．時刻によって $X(t)$ の確率分布が変化してもよいので，繰り返しのコイン投げよりも拡張された概念である．確率過程もその性質によっていくつかの種類に分類される．その一つとして，本節ではマルチンゲールを紹介する．

離散時間をもつ確率過程がマルチンゲールであるとは，大雑把に定義すると以下のとおりである．

時刻が離散整数値で表される確率過程 $\{X_1, X_2, \ldots, X_n\}$ が与えられている．また，この時刻 n をとり，この時刻までの確率変数の情報 $\mathcal{F}_n = \{X_1, X_2, \ldots, X_n\}$ が与えられているとする．つまり，現在までの確率変数の値の「軌跡」は，情報として与えられている．その際に，つぎの時刻 $n+1$ の確率変数の条件付き期待値が

$$E[X_{n+1}|\mathcal{F}_n] = X_n$$

となるとき，この確率過程は，$\mathcal{F}_n$ に関して**マルチンゲール**であるという．

13.1 マルチンゲール

ややわかりにくい定義であると思うので，具体例を使って解説していこう．

まず，これまでと同様に，表裏の出る確率が等しいコインを独立に n 回投げるような場合を考え，コインの表が出れば $+1$，裏が出れば -1 の値をとる確率変数 X_k ($k = 1, 2, \ldots, n$) を考える．すでに述べたように，これを使って対称単純ランダムウォーク S_n を考えよう．すなわち，$S_n = X_1 + X_2 + X_3 + \cdots + X_n$ である．この確率過程は $\mathcal{F}_n = \{S_1, S_2, \ldots, S_n\}$ に関してマルチンゲールである．

これを示すには，$S_{n+1} = (S_{n+1} - S_n) + S_n$ を用いて，以下のように計算する．

$$\begin{aligned}
& E[S_{n+1} | S_n, S_{n-1}, S_{n-2}, \ldots, S_1] \\
&= E[S_{n+1} - S_n | S_n, S_{n-1}, S_{n-2}, \ldots, S_1] + E[S_n | S_n, S_{n-1}, S_{n-2}, \ldots, S_1] \\
&= E[X_{n+1}] + S_n = S_n
\end{aligned} \tag{13.1}$$

これらの例において，留意してもらうことがいくつかある．まず，将来のすべての時刻 $n' > n+1$ のときでも，$E[S_{n'} | S_n, S_{n-1}, S_{n-2}, \ldots, S_1] = S_n$ となることが，上記を繰り返し行うことで示せる．つまり，現在の時刻 n までの情報が，将来のすべての時刻の状態（確率変数の値）に現在の時刻の状態であること以上には，偏った影響を与えないということである．

また，情報の与え方は一つではない．これは条件付き確率のときにも述べたが，ある情報に関してマルチンゲールであれば，同等の情報に関しても同じである．上記の二つの例をみても，$\mathcal{F}_n = \{X_1, X_2, \ldots, X_n\}$ と，$\mathcal{F}_n = \{S_1, S_2, \ldots, S_n\}$ は同じ情報である．前者は1ステップごとの変化の記録で，後者はその結果の位置の記録であるので，どちらも情報としては同じである．たとえば，ある株式の価格の動きでみれば，変化の幅を刻々と記録するのも，株価を刻々と記録するのも，情報としては同じであり，一方から他方をつくり出せる．よって，往々にして，文脈などから与えられている情報が何であるか明らかであるときは，情報の委細を省いて $\mathcal{F}_n$ だけで表記することも多い．

上記のランダムウォークの例は，基本的な関数（和）の場合であったが，一般に，$\{X_1, X_2, \ldots, X_n\}$ の関数 $Q_n(X_1, X_2, \ldots, X_n)$ が，$\{X_1, X_2, \ldots, X_n\}$ に関してマルチンゲールであるとは，

$$E[Q_{n+1} | X_1, X_2, \ldots, X_n] = Q_n$$

となることといえる．また，マルチンゲールは**公正な賭け**の性質であるとも考えられる．

この一般的な関数の場合について，賭けになぞらえた代表例を，例題も交えて紹介しよう（これらの例は，この後の議論にも繰り返し現れるので留意してほしい）．まず，

第 13 章 マルチンゲール

以下においても，これまでと同様に，確率変数 $X_1, X_2, X_3, \ldots$ が独立で，$X_i = \pm 1$ の値をとり，$E[X_i] = 0$ とする（つまり，X_i は 1 次元対称単純ランダムウォークの各 1 歩）．これらの和を，$S_n = X_1 + X_2 + X_3 + \cdots + X_n$ とする．

ここで，各時刻の確率変数 $X_1, X_2, X_3, \ldots$ の値を使って，賭けをすることを考える．ある参加者は，1 回ごとに過去の X_i の値の動きを参照しながら，お金をいくら賭けるかを決める．その結果，つぎの時刻の X_i が $+1$ ならその賭け金が得られて所持金に加えられ，-1 なら所持金から引かれる．この賭けの状況は，下記の確率変数 Q_n で考えることができる．

$$Q_n = Q_0 + f_1 X_1 + f_2(X_1) X_2 + f_3(X_1, X_2) X_3 + \cdots + f_n(X_1, X_2, \ldots, X_{n-1}) X_n$$

ここで，f_n は実数関数（f_1 は定数）であり，n 回目の賭け金にあたる．賭け金 f_i のことを「戦略」（**ストラテジー**）ともよぶ．Q_n は n 回目の賭けが終わったときの所持金（Q_0 は最初の所持金（元手）で定数）に相当する．

この確率過程 Q_n は，$\{X_1, X_2, \ldots, X_n\}$ に関してマルチンゲール（公正な賭け）である．

この証明には，$E[Q_{n+1}|X_1, X_2, \ldots, X_n] = Q_n$ を示す必要がある．前述のランダムウォークのマルチンゲール性の証明（式 (13.1) 参照）と同様に，n までの部分と，その後の $n+1$ に関する部分に切り分け，さらに独立性を用いることで，以下のように計算できる．

$$\begin{aligned}
&E[Q_{n+1}|X_1, X_2, \ldots, X_n] \\
&= E[Q_n + f_{n+1}(X_1, X_2, \ldots, X_n) X_{n+1}|X_1, X_2, \ldots, X_n] \\
&= Q_n + f_{n+1}(X_1, X_2, \ldots, X_n) E[X_{n+1}|X_1, X_2, \ldots, X_n] \\
&= Q_n + f_{n+1}(X_1, X_2, \ldots, X_n) E[X_{n+1}] = Q_n
\end{aligned} \tag{13.2}$$

例題 13.1 ◆ 上記の例において，$Q_n = (S_n)^2 - n$ は $\mathcal{F}_n = \{X_1, X_2, \ldots, X_n\}$ に関してマルチンゲールであることを示せ．

解答 ◆ 証明の方針はこれまでと同じで，n までの部分と，その後の $n+1$ に関する部分に切り分ければよいので，つぎのようになる．

$$\begin{aligned}
&E[Q_{n+1}|X_1, X_2, \ldots, X_n] \\
&\equiv E[Q_{n+1}|\mathcal{F}_n] = E[(S_n + X_{n+1})^2 - (n+1)|\mathcal{F}_n] \\
&= E[(S_n)^2 + 2 S_n X_{n+1} + (X_{n+1})^2 - (n+1)|\mathcal{F}_n] \\
&= E[(S_n)^2|\mathcal{F}_n] + 2 E[S_n X_{n+1}|\mathcal{F}_n] + E[(X_{n+1})^2|\mathcal{F}_n] - (n+1)
\end{aligned}$$

$$= (S_n)^2 + 2S_n E[X_{n+1}|\mathcal{F}_n] + 1 - (n+1)$$
$$= (S_n)^2 - n = Q_n \tag{13.3}$$

13.2 ランダムウォークによるマルチンゲール表現定理

　前節では，対称単純ランダムウォークから，マルチンゲールな確率過程を構成した．ここでは，議論を逆にして，一般のマルチンゲールな確率過程が，対称単純ランダムウォークを用いた前節の「公正な賭け」の形で表現できることを述べる．これを **1次元対称単純ランダムウォークに関するマルチンゲール表現定理** という．つまり，マルチンゲールな確率過程であれば，あるストラテジーをもつ公正な賭けと同等にみなすことができる．確率過程の違いが，ストラテジーの違いに反映されるので，ストラテジーをみつけることがマルチンゲールな確率過程を表現することになる．

◆ 1次元対称単純ランダムウォークに関するマルチンゲール表現定理

> 確率変数 $X_1, X_2, X_3, \ldots$ が独立で，$X_i = \pm 1$ の値をとり，$E[X_i] = 0$ とする（つまり，X_i は1次元対称単純ランダムウォークの各1歩とする）．
> Q_n が $\{X_1, X_2, \ldots, X_n\}$ に関してマルチンゲールであるならば，実数関数（ストラテジー）$\{f_1, f_2(X_1), f_3(X_1, X_2), \ldots, f_n(X_1, X_2, \ldots, X_{n-1})\}$ が存在して，
> $$Q_n = Q_0 + f_1 X_1 + f_2(X_1) X_2 + f_3(X_1, X_2) X_3 + \cdots + f_n(X_1, X_2, \ldots, X_{n-1}) X_n$$
> と表すことができる（Q_0 は定数）．

　この定理の証明はやや込み入るので，本書では省略する．しかし，その意義については再度下記に解説する．

　この定理が述べているのは，$X_1, X_2, \ldots$ の関数として与えられるどのようなマルチンゲールな確率過程 Q_n をもってきても，それは前節でとりあげた「公正な賭け」で表現できることである．さらに，「公正な賭け」の形をみると，$X_1, X_2, \ldots$ に係数となる f_i を掛けた形になっており，これは，あるベクトルを基本ベクトルで分解表現する，もしくはテイラー展開のように，基本関数で分解表現するということと類似している．

　では，具体例を示して，実際に表現定理を活用する手続きを述べていこう．

　前節の $Q_n = (S_n)^2 - n$ は，$\mathcal{F}_n = \{X_1, X_2, \ldots, X_n\}$ に関してマルチンゲールなので，上記の定理による表現が可能である．このためには，ストラテジーの表現を求め

ることが課題となり，以下のような計算を行えばよい．

$$
\begin{aligned}
\frac{1}{X_n}&(Q_n - Q_{n-1}) \\
&= \frac{1}{X_n}\left[\{(S_n)^2 - n\} - \{(S_{n-1})^2 - (n-1)\}\right] \\
&= \frac{1}{X_n}\left[\{(S_{n-1} + X_n)^2 - n\} - \{(S_{n-1})^2 - (n-1)\}\right] \\
&= \frac{1}{X_n}\left[\{(S_{n-1})^2 + 2S_{n-1}X_n + (X_n)^2 - n\} - \{(S_{n-1})^2 - (n-1)\}\right] \\
&= \frac{1}{X_n}\left\{2S_{n-1}X_n + (X_n)^2 - 1\right\} = 2S_{n-1} \quad (13.4)
\end{aligned}
$$

これより，

$$Q_n - Q_{n-1} = 2S_{n-1}X_n$$

である．さらに，$Q_0 = 0$ $(S_0 = 0, n = 0)$ と，$Q_1 = (X_1)^2 - 1 = 0$ を用いると，ストラテジーとして

$$f_i(X_1, X_2, \ldots, X_{i-1}) = 2S_{i-1}$$

ととれば，Q_n は

$$Q_n = \sum_{i=1}^n f_i X_i = \sum_{i=1}^n (2S_{i-1})X_i = 2S_0 X_1 + 2S_1 X_2 + \cdots + 2S_{n-1}X_n$$

として表現できる．

13.3 離散伊藤公式

マルチンゲールな確率過程については，これまで述べてきたが，より一般的な確率過程について，同様の視点から何かいえないだろうか．実は，より一般的なマルチンゲールでない確率過程についても，マルチンゲールの部分とほかの部分に切り分けて考察することができる．そこで，重要な公式である離散伊藤公式についてまず述べよう．

◆ **離散伊藤公式**

1次元対称単純ランダムウォークについて，下記が成り立つ．

$$
\begin{aligned}
f(S_{n+1}) - f(S_n) &= \frac{1}{2}(f(S_n + 1) - f(S_n - 1))(S_{n+1} - S_n) \\
&\quad + \frac{1}{2}(f(S_n + 1) - 2f(S_n) + f(S_n - 1))
\end{aligned}
$$

これは，以下のように示せる．

$$f(S_{n+1}) - f(S_n) - \frac{1}{2}(f(S_n + 1) - 2f(S_n) + f(S_n - 1))$$
$$= f(S_n + X_{n+1}) - \frac{1}{2}(f(S_n + 1) + f(S_n - 1)) \qquad (13.5)$$
$$= \frac{1}{2}(f(S_n + 1) - f(S_n - 1))X_{n+1} \qquad (13.6)$$
$$= \frac{1}{2}(f(S_n + 1) - f(S_n - 1))(S_{n+1} - S_n) \qquad (13.7)$$

ここでは，$S_{n+1} = S_n + X_{n+1}$ であることと，下記の例題 13.2 を用いている．

例題 13.2 ◆ 式 (13.5) と式 (13.6) が等しいことを示せ．

解答 ◆ ここでは，$X_{n+1} = \pm 1$ であるので，それぞれについて場合分けすると，式 (13.5) はつぎのように書き表せる．

$$f(S_n + X_{n+1}) - \frac{1}{2}(f(S_n + 1) + f(S_n - 1))$$
$$= \begin{cases} \frac{1}{2}(f(S_n + 1) - f(S_n - 1)) & (X_{n+1} = +1) \\ -\frac{1}{2}(f(S_n + 1) - f(S_n - 1)) & (X_{n+1} = -1) \end{cases}$$

ここで，もう一度 $X_{n+1} = \pm 1$ を使うと，この場合分けは式 (13.6) のようにまとめられる．

13.4 ドゥーブ–メイヤー分解

まず，離散伊藤公式を下記のように書き換える．

$$f(S_{n+1}) = \frac{1}{2}(f(S_n + 1) - f(S_n - 1))X_{n+1}$$
$$\qquad + \left\{\frac{1}{2}(f(S_n + 1) - 2f(S_n) + f(S_n - 1)) + f(S_n)\right\} \quad (13.8)$$

ここで，現在の時刻を n としてこの式を読みとろう．この式の右辺第 2 項はすべて S_n の関数であり，現在で確定している部分である．一方，右辺第 1 項は，すでに述べた「公正な賭け」の表現に現れたストラテジーと，X_{n+1} を掛けた形となっている．つまり，ランダムウォークの関数である $f(S_{n+1})$ を，現在 n までの情報で決まる部分と，X_{n+1} の結果によって決まる不確実な部分とに切り分けることが，この公式によって可能となる．

そして，この公式を活用すると，13.3 節で述べたように，より一般的な確率過程について，マルチンゲールと予測可能な部分とに切り分けることができる．このように

切り分けることをドゥーブ–メイヤー分解という．

簡単のため，ここでは，確率過程が1次元対称単純ランダムウォーク S_n の関数である場合について概説をする．

◆ ドゥーブ–メイヤー分解

> 確率変数 $X_1, X_2, X_3, \ldots, X_n$ が独立な1次元対称単純ランダムウォーク $S_n = X_1 + X_2 + X_3 + \cdots + X_n$ ($S_0 = 0$) の各1歩であり，離散確率過程 $Q_n = f(S_n)$ があるとき，
> $$Q_n = M_n + A_n \tag{13.9}$$
> と分解できる．ここで，M_n は $\{X_1, X_2, \ldots, X_n\}$ に関してマルチンゲールで，$M_0 = 0$ である．また，$A_n = g(X_1, X_2, X_3, \ldots, X_{n-1})$ で，これは1ステップ前までの $X_1, X_2, X_3, \ldots, X_{n-1}$ で決まる予測可能な過程である．なお，この分解は一意である．

この定理の証明についてはふれないが，その一部である具体的な分解の手続きについては，下記に述べる．

一般に，離散伊藤公式を，時刻に関して足しあわせていくと，以下の式が導ける．

$$\begin{aligned}
&f(S_n) - f(S_0) \\
&= (f(S_n) - f(S_{n-1})) + (f(S_{n-1}) - f(S_{n-2})) + \cdots + (f(S_1) - f(S_0)) \\
&= \sum_{i=0}^{n-1} \frac{1}{2}(f(S_i+1) - f(S_i-1))(S_{i+1} - S_i) \\
&\quad + \sum_{i=0}^{n-1} \frac{1}{2}(f(S_i+1) - 2f(S_i) + f(S_i-1)) \\
&= \sum_{i=0}^{n-1} \frac{1}{2}(f(S_i+1) - f(S_i-1))X_{i+1} \\
&\quad + \sum_{i=0}^{n-1} \frac{1}{2}(f(S_i+1) - 2f(S_i) + f(S_i-1))
\end{aligned} \tag{13.10}$$

これより，

$$Q_n = f(S_n) = M_n + A_n, \quad M_n = \sum_{i=0}^{n-1} \frac{1}{2}(f(S_i+1) - f(S_i-1))X_{i+1},$$

$$A_n = \sum_{i=0}^{n-1} \frac{1}{2}(f(S_i+1) - 2f(S_i) + f(S_i-1)) + f(S_0)$$

と分解できる．M_n は，13.1 節ですでに解説した「公正な賭け」の形であるので，マルチンゲールであり，A_n は $n-1$ までの関数であることに留意してほしい．ある意味では，予測できない部分と，予測できる部分（**トレンド**ともいう）に分解ができたことになる．当然であるが，Q_n がマルチンゲールの確率過程では $A_n = 0$ である．なお，より一般には $Q_n = f(X_1, X_2, X_3, \ldots, X_n)$ のような関数のときにも，ドゥーブ–マイヤー分解を行うことができる．

例題 13.3◆ $Q_n = (S_n)^3$ をドゥーブ–マイヤー分解せよ．

解答◆ $f(x) = x^3$ とすると，

$$(S_n)^3 - (S_0)^3 = \sum_{i=0}^{n-1} \frac{1}{2}\{(S_i+1)^3 - (S_i-1)^3\}(S_{i+1} - S_i)$$
$$+ \sum_{i=0}^{n-1} \frac{1}{2}\{(S_i+1)^3 - 2(S_i)^3 + (S_i-1)^3\}$$
$$= \sum_{i=0}^{n-1} \{3(S_i)^2 + 1\}X_{i+1} + 3\sum_{i=0}^{n-1} S_i \qquad (13.11)$$

これより，$S_0 = 0$ なので，つぎのようになる．

$$Q_n = (S_n)^3 = M_n + A_n, \quad M_n = \sum_{i=0}^{n-1} \{3(S_i)^2 + 1\}X_{i+1},$$
$$A_n = 3\sum_{i=0}^{n-1} S_i + (S_0)^3 = 3\sum_{i=0}^{n-1} S_i$$

―――――――― 章末問題 ――――――――

13.1◆ $Q_n = (S_n)^3 - 3nS_n$ が，$\{X_1, X_2, \ldots, X_n\}$ に関してマルチンゲールであることを示せ．

13.2◆ $Q_n = (S_n)^3 - 3nS_n$ について，マルチンゲール表現定理を用いて，ストラテジーを求めよ．

13.3◆ $Q_n = (S_n)^2$ をドゥーブ–マイヤー分解せよ．

14 ブラウン運動

　これまで確率過程の代表として，ランダムウォークでは繰り返しのコイン投げを基本にして考えてきた．そのため，各時刻，各1歩と，時間と空間がともにデジタル（離散）であった．いうなれば，離散時間，離散空間での確率過程を考えてきたといえる．しかし，連続時間，連続空間での数理を考える場合も多々あり，これは確率過程についても同様である．ここでは，この連続時間，連続空間の確率過程の主役であるブラウン運動（ウィーナー過程）について考える．ブラウンはイギリスの植物学者で，水に浮かせた微粒子（花粉のなかの微粒子やスフィンクスの石粉など）がジグザグと不規則に運動することを19世紀に発見した．これは，20世紀になりアインシュタインによって，水の分子の衝突によることが見抜かれ，ペランによってアボガドロ数を決定する実験につながった．また，少し遅れて，ウィーナーによって数学的な性質が探究された．このように物理，化学，数学と科学の幅広い分野に影響を及ぼしたのが，このブラウン運動なのである．（参考文献：[10, 12, 14]）

14.1 ランダムウォークからブラウン運動へ

　ブラウン運動への数理的なアプローチはいくつかあるが，ここでも精密さは求めずに，これまで考察してきた対称単純ランダムウォークを下敷きにして，ブラウン運動を導出していくアプローチを紹介する．

　まず，ランダムウォークに，時間と空間の長さを与えよう．これはつぎのように設定する．

$$\text{各1歩をとる時間間隔}：\Delta t, \quad \text{各1歩の歩幅}：\Delta x$$

ここで，やや特殊な制約を設ける．それは，このランダムウォークの時間と空間の長さの間に，下記のような関係があるとするのである．

$$\Delta x = \sqrt{\Delta t}$$

つまり，各1歩の歩幅は，それらをとる時間間隔の平方根の大きさとするのである．実は，これはすでにみた n ステップ後のランダムウォークの位置の分散が n となることを反映している（ここでもランダムウォークの「肝」の性質が出てきたことに留意

してほしい).

この特殊な制約の付いたランダムウォークを $S_t^{\Delta t}$ と表現し，ステップ数は $n = t/\Delta t$ とする．すると，つぎのようになる．

$$S_t^{\Delta t} = \Delta x(X_1 + X_2 + \cdots + X_{\frac{t}{\Delta t}}) = \sqrt{\Delta t}(X_1 + X_2 + \cdots + X_{\frac{t}{\Delta t}})$$

ただし，各 1 歩 $X_1, X_2, X_3, \ldots$ は独立で，$+1$ か -1 の値をそれぞれ確率 $1/2$ でとるとする．

ここで，$S_t^{\Delta t}$ の特性関数を考えてみよう．

$$\begin{aligned}\phi(v) &= E[\exp(ivS_t^{\Delta t})] = E[\exp\{iv\sqrt{\Delta t}(X_1 + X_2 + \cdots + X_{\frac{t}{\Delta t}})\}]\\&= \left\{E[\exp(iv\sqrt{\Delta t}X_1)]\right\}^{\frac{t}{\Delta t}} = \left\{\frac{1}{2}\exp\left(iv\sqrt{\Delta t}\right) + \frac{1}{2}\exp\left(-iv\sqrt{\Delta t}\right)\right\}^{\frac{t}{\Delta t}}\\&= \{\cos(v\sqrt{\Delta t})\}^{\frac{t}{\Delta t}}\end{aligned}$$

これより，$\Delta t \to 0$ とすると，

$$\begin{aligned}\lim_{\Delta t \to 0} E[\exp(ivS_t^{\Delta t})] &= \lim_{\Delta t \to 0} \{\cos(v\sqrt{\Delta t})\}^{\frac{t}{\Delta t}}\\&= \lim_{\Delta t \to 0} \left(1 - \frac{1}{2}v^2\Delta t + \cdots\right)^{\frac{t}{\Delta t}} = \exp\left(-\frac{1}{2}v^2 t\right)\end{aligned}$$

となり，これは，平均 0，分散 t の正規分布 $N(0,t)$ に従う確率変数の特性関数と一致する．これより，$\lim_{\Delta t \to 0} S_t^{\Delta t}$ の確率分布は，$N(0,t)$ に従うことがわかり，これを

$$\lim_{\Delta t \to 0} S_t^{\Delta t} \sim N(0,t) \tag{14.1}$$

と表記する．この極限を，**ブラウン運動** W_t（もしくは，B_t とも表記される）とよぶ．また，ブラウン運動を**ウィーナー過程**ということもある．

$$W_t \equiv \lim_{\Delta t \to 0} S_t^{\Delta t} \tag{14.2}$$

なお，このブラウン運動では分散 t となる（そのような特殊な時間と空間の関係を制約条件としたので，当然といえば当然だが）．つまり，分散が時間の長さと同じとなるというもともとのランダムウォークの「肝」の性質が，自然に組み込まれていることに再度留意してほしい．

また，中心極限定理の観点からすると，$E[X_i] = 0$, $V[X_i] = 1$ を用いて，

$$Z_n = \frac{1}{\sqrt{n}}\sum_{k=1}^n X_k \stackrel{n \to \infty}{\sim} N(0,1)$$

となる．一方では，上記で示したように，

$$\frac{1}{\sqrt{n}}\sum_{k=1}^{n} X_k = \sqrt{\frac{\Delta t}{t}}\sum_{k=1}^{n} X_k = \frac{1}{\sqrt{t}} S_t^{\Delta t} \xrightarrow{\Delta t \to 0} \frac{1}{\sqrt{t}} W_t \sim N(0,1)$$

となるので，W_t が正規分布 $N(0,t)$ に従うことに注意すると，整合がとれていることがわかる．

例題 14.1 ◆ $(1/\sqrt{t})W_t$ の平均と分散を求めよ．

解答 ◆ もともとの W_t の定義に従ってもよいが，ここでは W_t が正規分布 $N(0,t)$ に従うことを使えば，平均と分散の性質より以下となる．

$$E\left[\frac{1}{\sqrt{t}} W_t\right] = \frac{1}{\sqrt{t}} E[W_t] = 0$$

$$V\left[\frac{1}{\sqrt{t}} W_t\right] = \left(\frac{1}{\sqrt{t}}\right)^2 V[W_t] = \left(\frac{1}{\sqrt{t}}\right)^2 t = 1$$

これらは，上記で述べた $(1/\sqrt{t})W_t \sim N(0,1)$ と整合している．

14.2 ブラウン運動の性質

ここでは，すでに述べたものも含めて，ブラウン運動の性質について列記していく．ランダムウォークとの自然な対応となっているものも多い．解説は適宜加えていくが，委細や証明については，より専門的な本を参照してほしい（いくつかは例題・章末問題とした）．

基本的な性質

(i-1) $W_0 = 0$

(i-2) $W_t \sim N(0,t)$ （W_t は正規分布 $N(0,t)$ に従う．）

(i-3) $t > s$ として，$W_t - W_s \sim N(0, t-s)$
  （W_t の違う時刻の差も確率過程であるが，これも時間の差を分散としてもつ正規分布に従う．）

(i-4) $0 < t_1 < t_2 < \cdots < t_n$ に対して，$W_{t_1}, W_{t_2} - W_{t_1}, \ldots, W_{t_n} - W_{t_{n-1}}$ は独立である．
  （独立増分性という．重ならない時間における W_t の増減分は独立となっている．）

(i-5) 写像 $t \mapsto W_t$ は連続　（W_t は t の連続関数となっている．）

期待値や分散の性質

(ii-1) $E[W_t] = 0$
(ii-2) $V[W_t] = t$
(ii-3) $T > t > 0$ として，$E[W_T W_t] = t$
(ii-4) α, β は任意の定数，$T > t > 0$ として，$E[e^{\alpha W_t + \beta W_T}] = e^{\frac{1}{2}\beta^2(T-t)} e^{\frac{1}{2}(\alpha+\beta)^2 t}$

例題 14.2 ◆ 上記の (ii-3) $E[W_T W_t] = t$ を示せ．

解答 ◆ まず，

$$E[W_T W_t] = E[(W_T - W_t)W_t + (W_t)^2] = E[(W_T - W_t)W_t] + E[(W_t)^2]$$

となる．ここで，独立増分性 (i-4) と $E[W_t] = 0$ (ii-1) を用いると，第1項は0となり，$E[(W_t)^2] = t$ より，$E[W_T W_t] = t$ が示せる．

やや特殊な性質

(iii-1) $c > 0$ として，$(1/\sqrt{c})W_{ct}$ もブラウン運動
(iii-2) $tW_{1/t}$ もブラウン運動
(iii-3) $0 = t_0 < t_1 < t_2 < \cdots < t_n = t$ で，$t_i - t_{i-1} = t/n \equiv \Delta t$ とすると，

$$\sum_{i=1}^{n}(W_{t_i} - W_{t_{i-1}})^2 \overset{\Delta t \to 0}{\to} t \tag{14.3}$$

これらの性質については，この後の解説においてたびたび活用していく．

14.3 ブラウン運動とマルチンゲール

前節でみたように，ブラウン運動とランダムウォークの関係が密接であることから，ランダムウォークで議論したことや性質を，ブラウン運動に対応させることができる．このランダムウォークからブラウン運動への「翻訳」を，本節では行っていく．このとき，表 14.1 の「辞書」が活用できる．ブラウン運動の概念や，計算で難しいところ

表 14.1 ブラウン運動とランダムウォークの「翻訳辞書」

ブラウン運動	ランダムウォーク	備考
W_t	S_n	確率過程
dW_t	X_n	各時刻での確率過程の変化の幅
t	n	時刻
dt	1	各ステップの時間の幅
R_t	Q_n	確率過程の関数

があれば，このランダムウォークとの対応表を思い起こしてほしい．この「辞書」は，つぎの章の確率積分などでも使っていく．

ここでは，マルチンゲールについてこの「翻訳」作業を進めていこう．

連続時間での実数をとる確率過程 R_t が，W_t に関してマルチンゲールであるとは，R_t が $W_s(s \leq t)$ の関数で，任意の $t > u$ について，

$$E[R_t | W_s(s \leq u)] = R_u \tag{14.4}$$

が成り立つことである．これはランダムウォークのときの

$$E[Q_n | X_1, X_2, \ldots, X_s] = Q_s \quad (s < n)$$

に対応している．このマルチンゲールの条件は，

$$E[R_t | \mathcal{F}_u] \equiv E[R_t | W_s(s \leq u)] = R_u \tag{14.5}$$

とも表記して，R_t は $\mathcal{F}_t$ マルチンゲールともいう．

具体例として，ブラウン運動自身が，マルチンゲールであることを示そう．つまり，W_t が，W_t に関してマルチンゲール（W_t が $\mathcal{F}_t$ マルチンゲール）となることは，$t > u$ として以下のように示せる．

$$\begin{aligned} E[W_t | \mathcal{F}_u] &= E[W_t + W_u - W_u | \mathcal{F}_u] \\ &= E[W_u | \mathcal{F}_u] + E[W_t - W_u | \mathcal{F}_u] \\ &= W_u + 0 = W_u \end{aligned} \tag{14.6}$$

2行目から3行目では，W_t の独立増分性 (i-4) や，平均 (ii-1) などの性質を使った．

これは，前章で扱った対称単純ランダムウォーク S_n が，$\{S_1, S_2, \ldots, S_n\}$ に関してマルチンゲールであることに対応している．

例題 14.3◆ $R_t = (W_t)^2 - t$ が $\mathcal{F}_t$ マルチンゲールであることを示せ．

解答◆ $t > u$ として，基本的にはランダムウォークのときに行った方針と同じで，u までの部分と u より後の部分とに t を切り分けることで，下記のように導出できる．

$$\begin{aligned} E[(W_t)^2 - t | \mathcal{F}_u] &= E[(W_t + W_u - W_u)^2 | \mathcal{F}_u] - t \\ &= E[(W_u)^2 + 2W_u(W_t - W_u) + (W_t - W_u)^2 | \mathcal{F}_u] - t \\ &= (W_u)^2 + 2W_u E[(W_t - W_u) | \mathcal{F}_u] + E[(W_t - W_u)^2 | \mathcal{F}_u] - t \\ &\qquad\qquad\qquad\qquad\qquad\qquad\qquad\text{(性質 (i-4) より)} \\ &= (W_u)^2 + (t - u) - t \quad \text{(性質 (i-4),(ii-1),(ii-2) より)} \\ &= (W_u)^2 - u \end{aligned}$$

これは，$Q_n = (S_n)^2 - n$ が，$\{X_1, X_2, \ldots, X_n\}$ に関してマルチンゲールであることに対応している．

― 章末問題 ―

14.1◆ α, β は任意の定数，$T > t > 0$ として，以下（性質 (ii-4)）を示せ．
$$E[e^{\alpha W_t + \beta W_T}] = e^{\frac{1}{2}\beta^2(T-t)} e^{\frac{1}{2}(\alpha+\beta)^2 t}$$

14.2◆ $R_t = (W_t)^3 - 3tW_t$ が $\mathcal{F}_t$ マルチンゲールであることを示せ．

15 確率積分と伊藤の公式

これまでに述べてきた，ランダムウォーク，マルチンゲール，ブラウン運動などの概念を基礎として，ここから確率積分の解説に入っていく．伊藤の公式は，確率積分を計算するにあたり重要なルールを提示する．また，確率積分は，現代の金融技術などで日常的に使われている．初学者にはとりつきにくい印象を与えるが，その基本的な部分は難しくはないので，とりくんでみてほしい．（参考文献：[1, 12, 14]）

15.1 確率積分

確率積分は，通常の積分（リーマン積分）の考え方と同様に，「面積」として考えることができる．リーマン積分では，積分値である面積を小さな長方形に分割して，微小な底辺 dx と，その時点での関数値 $f(x)$ を高さとして掛けあわせることで，その長方形の面積を得る．そして，dx をどんどん小さくする極限をとりながら，長方形を足しあわせていくことで積分値を求める．この一連のアプローチを確率積分でも行う．通常の積分との違いは，微小な底辺 dW が（ときとして被積分関数 h も）確率変数になっているということである．確率積分のイメージとしては，たとえば，ある商品（金，株式，石油など）の価格 W が時々刻々と確率的に変化していて，さらに手持ちのその商品の在庫 h も売り買いなどで時々刻々と変化しているときに，保持する総資産の一定期間の変化を，「面積」として評価するということである（図 15.1 参照）．より数学的には，下記のように定義できる．

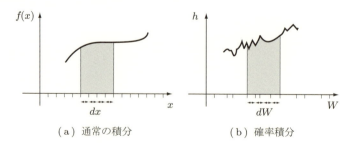

（a）通常の積分　　　　（b）確率積分

図 15.1　通常の積分と確率積分の概念図（図にはうまく表現できないが dW は負の値もとれる）

$h(s)$ を $W_u\,(u \le s)$ の関数とするとき，$0 = t_0 < t_1 < t_2 < \cdots < t_n = t$，$\Delta t = \max_i (t_i - t_{i-1})$ とおく．ここで，

$$\int_0^t h(s)\,dW_s = \lim_{\Delta t \to 0} \sum_{i=1}^n h(t_i)\left(W_{t_i} - W_{t_{i-1}}\right) \tag{15.1}$$

において，右辺の極限が存在するとき，左辺を h の**確率積分**とよぶ．

また，これもランダムウォークのときと対応しており，ストラテジー f_n と $h(t)$ が対応している．つまり，$h(t_i)$ は i 回目の「掛け金」で，$W_{t_i} - W_{t_{i-1}}$ はそのときの賭けの変動（ランダムウォークでは $X_i = \pm 1$）である（表 15.1 参照）．この変動幅は，正規分布 $N(0, t_i - t_{i-1})$ に従う．

表 15.1　確率積分と公正な賭けの対応

確率積分	公正な賭け
$h(t_i)$	f_i
$W_{t_i} - W_{t_{i-1}}$	X_i

すなわち，確率積分は公正な賭けにおいて，積分の始めと終わりの時刻の間（積分時間）での所持金の変動総額に類似する．先に述べたが，株などの金融商品の価格 (W_t) と，各時刻での保持量 $(h(t))$ としてイメージをもつと，確率積分もそれほど難しくないと感じてもらえるかと思う．

15.1.1　確率積分の性質と伊藤の公式

まず，確率積分のいくつかの性質を紹介する．これも証明などは参考書を参照してほしいが，おもに，ランダムウォークを用いて行ったことの「翻訳」になっている．

(i)　もし，$h(s)$ が $W_u(u \le s)$ に関係しない s だけの関数ならば，$\int_0^t h(s)\,dW_s$ の確率分布は，$N\left(0, \int_0^t (h(s))^2\,ds\right)$ となる．

ブラウン運動はこの確率積分において $h(s) = 1$ とおく場合で，すでに述べたように分散が t となる正規分布に従う．一般には分散が $h(s)$ による影響を受けるが，正規分布に従うことは変わらない．

例題 15.1◆　確率積分 $\int_0^t \sqrt{s}\,dW_s$ が従う確率分布を求めよ．

解答◆　$\int_0^t (\sqrt{s})^2\,ds = t^2/2$ なので，$N(0, t^2/2)$ となる．

(ii) $\int_0^t h(s)\,dW_s$ は $\mathcal{F}_t$ マルチンゲールである.

確率積分と公正な賭けの関係については，すでに述べた．この類似により，ランダムウォークを用いた公正な賭けがマルチンゲールであることは示したが，これに対応することが確率積分でもいえるということである.

(iii) R_t が $\mathcal{F}_t$ マルチンゲールであるならば，ある $W_u\,(u \leq s)$ の関数 $\phi(s)$ が存在して，

$$R_t = C + \int_0^t \phi(s)\,dW_s \quad (C \text{ は定数}) \tag{15.2}$$

と表現できる．これを，ブラウン運動に関する**マルチンゲール表現定理**とよぶ.

こちらも，すでに述べたランダムウォークに関するマルチンゲール表現定理に対応している.

実際に確率積分を計算するにあたっては，ランダムウォークとブラウン運動の「肝」である「分散が時間に比例する」という性質が重要になる．これを簡明にまとめたのが，下記に述べる**伊藤の公式**であり，後に出てくる**伊藤の微分公式**[†]の基礎となるなど，さまざまな確率積分の計算に有用となる.

◆ 伊藤の公式

(積分形) $0 = t_0 < t_1 < t_2 < \cdots < t_n = t$ で, $t_i - t_{i-1} = t/n \equiv \Delta t$ のとき,

$$\int_0^t (dW_s)^2 = \lim_{n \to \infty} \sum_{i=1}^n (W_{t_i} - W_{t_{i-1}})^2 = t \tag{15.3}$$

(微分形) $\qquad (dW_t)^2 = dt$

例題 15.2 ◆ 上記の伊藤の公式と，ランダムウォークとの対比を考えよ.

解答 ◆ すでに，表 14.1 の「辞書」のところで述べたように，ランダムウォークでは，dW_t は $X_i = \pm 1$ に対応しており，これから $(X_i)^2 = 1$，そして $\sum_{i=1}^n (X_i)^2 = n$ の性質がすぐに導ける．これをブラウン運動に「翻訳」したのが上記の公式である.

[†] こちらを「伊藤の公式」とよぶ本も多い.

15.1.2 確率積分の例

ここでは，いくつかの確率積分の例を紹介していく．実際の計算にあたっては，伊藤の公式の活用に加えて，いくつかの工夫がいることに注意してほしい．

例 15.1 ◆
$$\int_0^t W_s \, dW_s = \frac{1}{2}(W_t)^2 - \frac{1}{2}t \tag{15.4}$$

これを示すには，$0 = t_0 < t_1 < t_2 < \cdots < t_n = t$ として，以下を考える．

$$\sum_{i=1}^n W_{t_{i-1}}(W_{t_i} - W_{t_{i-1}})$$

$$= \frac{1}{2}\sum_{i=1}^n \{W_{t_{i-1}} + W_{t_i} - (W_{t_i} - W_{t_{i-1}})\}(W_{t_i} - W_{t_{i-1}})$$

$$= \frac{1}{2}\sum_{i=1}^n \{(W_{t_i})^2 - (W_{t_{i-1}})^2\} - \frac{1}{2}\sum_{i=1}^n (W_{t_i} - W_{t_{i-1}})^2$$

$$= \frac{1}{2}\{(W_{t_n})^2 - (W_{t_0})^2\} - \frac{1}{2}\sum_{i=1}^n (W_{t_i} - W_{t_{i-1}})^2 \tag{15.5}$$

ここで，$n \to \infty$ の極限をとると

$$\lim_{n \to \infty} \sum_{i=1}^n W_{t_{i-1}}(W_{t_i} - W_{t_{i-1}}) = \int_0^t W_s \, dW_s$$

$$\lim_{n \to \infty} \{(W_{t_n})^2 - (W_{t_0})^2\} = (W_t)^2 - (W_0)^2 = (W_t)^2$$

となる．また，伊藤の公式 (15.3) より

$$\lim_{n \to \infty} \sum_{i=1}^n (W_{t_i} - W_{t_{i-1}})^2 = t$$

であるので，式 (15.4) が得られる．

式 (15.4) は代表的な確率積分である．注目すべきは，W が確率変数ではなく通常の積分であるとした場合と比べると，$-(1/2)t$ が加えられている点である．すでに述べたように，確率積分も「面積」と類似して考えることができるが，実際の計算結果では違いが出るのである．

例題 15.3 ◆ 式 (15.4) の確率積分と，ランダムウォークの対応を述べよ．

解答 ◆ これは，マルチンゲールの議論で出てきた

$$Q_n = (S_n)^2 - n = 2\sum_{i=1}^n S_{i-1}X_i$$

に対応している．表 14.1 の「辞書」によって「翻訳」できる．

例 15.2 ◆
$$\int_0^t s\,dW_s = tW_t - \int_0^t W_s\,ds \tag{15.6}$$

これを示すには，まず，$0 = t_0 < t_1 < t_2 < \cdots < t_n = t$ として，以下を考える．なお，表記が煩雑になるため，以降では $W(t) \equiv W_t$ とする．

$$\begin{aligned}&t_{k+1}W(t_{k+1}) - t_k W(t_k) \\ &= t_k(W(t_{k+1}) - W(t_k)) + W(t_{k+1})(t_{k+1} - t_k)\end{aligned} \tag{15.7}$$

ここで，両辺の和をとる（$k = 0, 1, 2, \ldots, n$）．

$$\begin{aligned}&t_n W(t_n) - t_0 W(t_0) \\ &= \sum_{k=1}^n t_k(W(t_{k+1}) - W(t_k)) + \sum_{k=1}^n W(t_{k+1})(t_{k+1} - t_k)\end{aligned} \tag{15.8}$$

さらに，$n \to \infty$ の極限をとると，

$$tW_t = \int_0^t s\,dW_s + \int_0^t W_s\,ds \tag{15.9}$$

を得る．

例題 15.4 ◆ 式 (15.6) の確率積分と通常の積分の関係を考えよ．

解答 ◆ これは，ちょうど通常の積分で行う以下の部分積分

$$\int f(x)\frac{dg(x)}{dx}\,dx = f(x)g(x) - \int \frac{df(x)}{dx}g(x)\,dx \tag{15.10}$$

において，

$$dx \to dt,\quad f(x) \to t,\quad g(x) \to W_t \tag{15.11}$$

とすることと対応していることがわかる．

15.2 伊藤過程

確率積分を用いることで，さまざまな確率過程を表現することができる．とくに，ある時刻から別の時刻への確率変数の変化を，微小な確率的な動きの積算として考えることは，物理現象だけでなく，生物や経済現象を考えるときにも便利である．ここでは，そのような確率過程の一般形であり，確率論に多大な貢献をされた伊藤清教授の名前を冠した伊藤過程と，その特別な場合で，とくに市場経済モデルで使われる幾何ブラウン運動についても少しふれる．

15.2.1 伊藤過程の一般形

伊藤過程の一般形は以下のとおりである．ここでも積分形と微分形を考えることができる（表記の都合で，$W(t) \equiv W_t, dW(t) = dW_t$ とする）．

$$（積分形）\quad X(t) = \int_0^t A(s)\,ds + \int_0^t B(s)\,dW(s) + X(0) \tag{15.12}$$

ここで，$A(s), B(s)$ は確率過程であり，$W(t)$ はブラウン運動である．

$$（微分形）\quad dX(t) = A(t)\,dt + B(t)\,dW(t) \tag{15.13}$$

つまり，伊藤過程は，ブラウン運動を基礎にして新しくつくり出される確率過程である．たとえば，例 15.1, 15.2 の確率積分は，伊藤過程の特殊な場合として考えられ，下記のように書き換えることで対応付けられる．

$$(W(t))^2 = \int_0^t 1\,ds + \int_0^t 2W(s)\,dW(s) \tag{15.14}$$

$$tW(t) = \int_0^t W(s)\,ds + \int_0^t s\,dW(s) \tag{15.15}$$

15.2.2 伊藤の微分公式

今度は，この伊藤過程からさらに一般的な確率過程を構成して，これを解析するときに適用できる微分公式を考える．このより一般的な確率過程 $R(t)$ は，伊藤過程 $X(t)$ の関数として，下記のように与えられる．

$$R(t) = g(t, X(t)) \tag{15.16}$$

なお，

$$dX(t) = A(t)\,dt + B(t)\,dW(t) \tag{15.17}$$

である．また，上記において，$g(t,x)$ は，各変数による1階，2階の偏微分が存在し，連続である関数とする．

このとき，伊藤の微分公式は以下で与えられる．

◆ **伊藤の微分公式**

$$dR(t) = \frac{\partial}{\partial t}g(t,X)\,dt + \frac{\partial}{\partial X}g(t,X)\,dX + \frac{1}{2}\frac{\partial^2}{\partial X^2}g(t,X)(dX)^2 \tag{15.18}$$

ただし，$(dX)^2$ のところで下記のルールを用いる．

$$(dt)^2 = 0,\quad dt\,dW = 0,\quad dW\,dt = 0,\quad (dW)^2 = dt \tag{15.19}$$

これは，$R(t)$ のテイラー展開で，dt, dW の 1 次の項までを用いたことに類似している．また，ランダムウォークとブラウン運動の「肝」である「分散が時間に比例する」という性質がこの微分公式でも登場しており，$(dW)^2 = dt$ となることを強調したい．

とくに，特殊な場合として，
$$R(t) = g(X(t)) \tag{15.20}$$
$$dX(t) = dW(t) \quad (A(t) = 0, \ B(t) = 1) \tag{15.21}$$
のときには，$(dW)^2 = dt$ を用いると，
$$dR(t) = \frac{d}{dX}g(X(t))\,dW(t) + \frac{1}{2}\frac{d^2}{dX^2}g(X(t))\,dt \tag{15.22}$$
となる．この両辺を $[0, t]$ で積分すれば，
$$R(W(t)) - R(W(0)) = \int_0^t \frac{d}{dX}g(X(s))\,dW(s) + \frac{1}{2}\int_0^t \frac{d^2}{dX^2}g(X(s))\,ds \tag{15.23}$$
となる．この右辺の第 1 項は dW による積分であるが，第 2 項は ds による積分であり，これらはすでに紹介した離散伊藤公式に基づくドゥーブ–メイヤー分解と類似していることに注目してほしい．

$R(t)$ が $W(t)$ の関数として，伊藤の微分公式の単純な応用例を二つあげよう．

例 15.3 ◆ $R(t) = (W(t))^2$ すなわち，$g(x) = x^2$ のとき，微分形では，
$$dR(t) = 2W(t)\,dW + \frac{1}{2}\cdot 2(dW)^2 = 2W(t)\,dW + (dW)^2$$
$$= 2W(t)\,dW + dt$$
となる．微分形の右辺の二つの項の順番を入れ替えると，積分形では以下のようになる．
$$(W(t))^2 = \int_0^t 1\,ds + \int_0^t 2W(s)\,dW(s)$$
これは伊藤過程のところでとりあげた例である．

例 15.4 ◆ $R(t) = tW(t)$ すなわち，$g(t, x) = tx$ のとき，微分形では，
$$dR(t) = W(t)\,dt + t\,dW$$
となる．積分形では，以下のようになる．
$$tW(t) = \int_0^t W(s)\,ds + \int_0^t s\,dW(s)$$
これも伊藤過程でとりあげた例である．

例題 15.5 ◆ $R(t) = e^{\sigma W(t) + \gamma t}$ すなわち $g(t, x) = e^{\sigma x + \gamma t}$ （σ, γ は任意の定数）のとき，$dR(t)$ を求めよ．

解答 ◆ これについては，

$$\frac{\partial}{\partial t}g(t, X) = \gamma g(t, X), \quad \frac{\partial}{\partial X}g(t, X) = \sigma g(t, x), \quad \frac{\partial^2}{\partial X^2}g(t, X) = \sigma^2 g(t, x)$$

を用いると以下が得られる．

$$\begin{aligned}dR(t) &= \gamma R(t)\,dt + \sigma R(t)\,dW(t) + \frac{1}{2}\sigma^2 R(t)\,dt \\ &= \left(\gamma + \frac{1}{2}\sigma^2\right)R(t)\,dt + \sigma R(t)\,dW(t)\end{aligned} \tag{15.24}$$

式 (15.24) は，**幾何ブラウン運動**とよばれる確率過程であり，**ブラック–ショールズモデル**などの経済市場理論で使われる．ここでは，$R(t)$ が右辺にも現れることに留意してほしい．なお，このモデルは，次節においても確率微分方程式の解の形で再登場する．

15.3 確率微分方程式

これまで述べてきた伊藤過程などの微分形は，視点を変えると，常微分方程式にブラウン運動によるゆらぎの効果をとりこんで拡張した方程式と考えることができる．それゆえ，確率微分方程式という名前が付けられ，とくに物理の分野では，力学式にゆらぎを加えたという解釈で議論されることが多い．ここでは，この視点から確率過程を考えてみよう．

これまでの表記を用いて表した

$$dX(t) = f(X(t))\,dt + g(X(t))\,dW(t), \quad X(0) = x_0 \tag{15.25}$$

を**確率微分方程式**という．物理の分野では，とくに第 17 章で扱うように，ノイズ項 $\xi(t)$ を用いて下記の形で表記することが多い．

$$\frac{d}{dt}X(t) = f(X(t)) + g(X(t))\xi(t), \quad X(0) = x_0 \tag{15.26}$$

ノイズ項は形式的には $\xi(t) = dW/dt$ とおく専門書もあるが，$W(t)$ は微分可能ではないことが知られている．$\xi(t)$ は（ガウス）白色ノイズとよばれ，$W(t)$ の瞬間の変化であり，通常の関数ではない．

ここで，$\xi(t)$ の項が存在しない常微分方程式

$$\frac{d}{dt}X(t) = f(X(t)), \quad X(0) = x_0 \tag{15.27}$$

は,物理では力学式とよばれる.$X(t)$ の変化が,それ自身の関数となる力学法則を記述しているという解釈である.この視点からみると,確率微分方程式は,通常の力学式にゆらぎもしくはノイズ項を加えた法則を記述していることになる.つまり,力学変化の法則に不確実性の要素が加味された数理モデルと解釈できるのである(詳しくは第 17 章にゆずる).

それでは,これまでの流れにそって,いくつかの例をみていこう.式 (15.25) は,微分方程式の観点からすると,「解く」ことができる.ここでは,この「解く」の意味を,微分された $X(t)$ をブラウン運動 $W(t)$ を用いた形で表現することとする.

まず,初めの例として,以下の単純な例を考える.

$$dX(t) = dW(t), \quad X(0) = x_0 \quad \left(\frac{d}{dt}X(t) = \xi(t), \quad X(0) = x_0\right)$$

これは積分すると,左辺は

$$\int_0^t dX(s) = X(t) - x_0$$

となる.また,右辺は

$$\int_0^t dW(s) = W(t) - W(0) = W(t)$$

となる.すなわち,以下を得る.

$$X(t) = x_0 + W(t) \tag{15.28}$$

これは,出発点 x_0 の「ブラウン運動」であると表現できる(カギ括弧をつけたのは,これまでのブラウン運動の定義と同じではないが,拡張されているという意味があるからである).

つぎに,少し拡張した確率微分方程式を考えよう.

$$dX(t) = \mu\,dt + \sigma\,dW(t), \quad X(0) = x_0$$
$$\left(\frac{d}{dt}X(t) = \mu + \sigma\xi(t), \quad X(0) = x_0, \quad \mu,\sigma\text{は任意の定数}\right)$$

これも単に積分すると,

$$X(t) = x_0 + \mu t + \sigma W(t) \tag{15.29}$$

となる.これは,出発点 x_0 で**ドリフト付きのブラウン運動**という表現がされる.ドリ

フト（移動）とは，時間とともに線形に変化する μt のことである．

最後に，もう少し複雑な場合を考えよう．

$$dX(t) = \mu X(t)\,dt + \sigma X(t)\,dW(t), \quad X(0) = x_0$$

これは，下記と同等である．

$$\frac{d}{dt}X(t) = \mu X(t) + \sigma X(t)\xi(t), \quad X(0) = x_0 \tag{15.30}$$

そして，式 (15.30) は**幾何ブラウン運動**とよばれる[†]．これを解くには工夫が必要である．ここでは，$\ln X(t)$ という関数を考え，さらに伊藤の公式を使って，以下のように計算する．

$$\begin{aligned}
&d\ln X(t) \\
&= \frac{1}{X(t)}\,dX(t) - \frac{1}{2}\frac{1}{(X(t))^2}\,dX(t)\,dX(t) \\
&= \frac{1}{X(t)}(\mu X(t)\,dt + \sigma X(t)\,dW(t)) \\
&\quad - \frac{1}{2}\frac{1}{(X(t))^2}(\mu X(t)\,dt + \sigma X(t)\,dW(t))(\mu X(t)\,dt + \sigma X(t)\,dW(t)) \\
&= \mu\,dt + \sigma\,dW(t) - \frac{1}{2}\sigma^2 dt = \left(\mu - \frac{1}{2}\sigma^2\right)dt + \sigma\,dW(t)
\end{aligned} \tag{15.31}$$

ここで，両辺を $[0, t]$ で積分すると

$$\int_0^t d\ln X(t) = \ln\frac{X(t)}{x_0} = \left(\mu - \frac{1}{2}\sigma^2\right)t + \sigma W(t) \tag{15.32}$$

であり，

$$X(t) = x_0 e^{(\mu - \frac{1}{2}\sigma^2)t + \sigma W(t)} \tag{15.33}$$

となる．この結果は，指数的に変化する関数の指数の部分に，ゆらぎの効果 $\sigma W(t)$ がとりこまれていることを示している．

繰り返しになるが，確率微分方程式を「解く」には，複数の意味や対応する解がある．ここで述べたような数学的なアプローチでは，$W(t)$ を，たとえば $\sin t, \ln t$ のような既知の関数であると考えて扱う．そして，上記の例にあるように，解の $X(t)$ を $W(t)$ の関数として表現するのである．一方，第 17 章では，確率微分方程式の物理的なアプローチを紹介する．物理的なアプローチでは $X(t)$ はゆらぎの影響を受ける物

[†] 前節の式 (15.24) と式 (15.30) は，$\mu = \gamma + \frac{1}{2}\sigma^2$ とすると一致する．

理量に対応し，実験での観測にかかるので，$X(t)$ の確率分布やその平均，分散などを求めることにより主眼がおかれる．

章末問題

15.1◆ $R(t) = (W(t))^3$ を伊藤の微分公式を用いて微分せよ．
15.2◆ $R(t) = (W(t))^3 - 3tW(t)$ を伊藤の微分公式を用いて微分せよ．
15.3◆ 章末問題 15.1, 15.2 の解を積分形で書き，違いが何であるかを確認せよ．

16 マルコフ過程

われわれのまわりの自然現象の多くは，時々刻々と変化をするが，その変化の裏側には物理学で解き明かされてきた驚くべき法則性が存在する．多くの場合，このような現象は，時間的にも空間的にも局所（部分）的な理論で記述可能である．たとえば，ボール投げの軌跡計算の問題では，いまの時刻のある空間点でのボールの状態から，力学法則によって短時間後のボールの存在する空間点や状態が決められる．そして，これらの「局所パーツ」をつなぎあわせることで，全体の軌跡が放物線になっているなどの知見が得られる．実際には，現在だけでなく，そこにいたる過去の状態の履歴や経緯なども影響がある現象も多いのだが，上記のようにそれを無視できる状況もある．

このように，過去の履歴を無視して，いまの状態がすぐつぎの状態を，ある法則によって定めるというアプローチは，確率的なシステムにも拡張ができる．とくに，このような確率過程をマルコフ過程とよび，これまで紹介してきたランダムウォークも含めて，適用や応用の範囲も広い．ここでは，このマルコフ過程についていくつかの側面を紹介しよう．（参考文献: [6, 9, 16, 22]）

16.1 マルコフ過程

まず，時間が離散的である場合について，マルコフ過程を定義しよう．
確率過程 $X_1, X_2, X_3, \ldots$ において，条件付き確率が，すべての n について

$$P(X_{n+1}|X_n, X_{n-1}, \ldots, X_1) = P(X_{n+1}|X_n) \tag{16.1}$$

となるものを，**マルコフ過程**という．すなわち，$n+1$ における条件付き確率（分布）が，直前の状態 X_n によってのみ決まり，それ以前の時刻にはよらないような確率過程である．つまり，過去の記憶がなく，現在の状態によってのみ，つぎの時刻の確率（分布）が決まるような確率過程のことである．

時刻 t_i に x_i の状態にあるマルコフ過程について，上記の性質より，$P(x_i, t_i) \equiv P(X(t_i) = x_i)$ と，$P(x_{i+1}, t_{i+1}|x_i, t_i) \equiv P(X(t_{i+1}) = x_{i+1}|X(t_i) = x_i)$ によって，つぎの同時確率が決定される．

$$P(x_{i+1}, t_{i+1} : x_i, t_i) = P(x_{i+1}, t_{i+1}|x_i, t_i) P(x_i, t_i) \tag{16.2}$$

上記のように，条件付き確率 $P(x_{i+1}, t_{i+1}|x_i, t_i)$ は，現在の時刻からつぎの時刻へ

の確率の変化の規則を与えていると解釈できるので，**遷移（推移）確率**ともよばれる．

なお，三つの続く時刻点が与えられたマルコフ過程においては，同時確率分布は

$$P(x_{i+1}, t_{i+1} : x_i, t_i : x_{i-1}, t_{i-1})$$
$$= P(x_{i+1}, t_{i+1}|x_i, t_i)P(x_i, t_i|x_{i-1}, t_{i-1})P(x_{i-1}, t_{i-1}) \quad (16.3)$$

であり，より一般に，時刻 $t_1, t_2, \ldots, t_{i+1}$ のような多点の同時確率分布については，

$$P(x_{i+1}, t_{i+1} : x_i, t_i : \cdots : x_2, t_2 : x_1, t_1)$$
$$= P(x_{i+1}, t_{i+1}|x_i, t_i)P(x_i, t_i|x_{i-1}, t_{i-1})\cdots P(x_2, t_2|x_1, t_1)P(x_1, t_1) \quad (16.4)$$

と決めることができる．これは，力学微分方程式において，少しずつの変化をつなぎあわせることで，全体の変化を表現することと類似している．また，この同時確率分布が得られれば，第7章で述べたように，$j \neq k$ の時刻の状態（確率変数）x_k について適宜積分することで，周辺確率分布 $P(x_k, t_k)$ をすべての k について定めることができる．

上記に示したように，一般には，遷移確率は時刻ごとに変化できるのだが，とくに遷移確率がすべての n, i, j について，

$$P(x_{n+j}, t_{n+j}|x_{n+i}, t_{n+i}) = P(x_j, t_j|x_i, t_i) \quad (16.5)$$

となる性質をもつとき，これを**（時間的）一様マルコフ過程**という．式 (16.5) は，二時刻点の間の遷移確率が，その間の時間 $j-i$ には依存するが時刻 n には依存しないことを意味する．

16.2 マルコフチェーン

ここまでは，時間が離散的であるマルコフ過程を考えてきたが，ここでは，さらに確率変数のとりうる状態も有限で離散的な場合のマルコフ過程を考えよう．この時間も状態も離散的なマルコフ過程のことを，**マルコフチェーン（マルコフ連鎖）**とよぶ．

マルコフチェーンは，とくに，状態数が小さいときには扱いやすいマルコフ過程であり，行列演算で表現できるので，様相がみえやすくもある．一般に，状態数 N で変化の法則が時刻 t に依存せず一定である**（時間的）一様マルコフチェーン**は，下記のように表すことができる．

$$\vec{P}(t+1) = \hat{M}\vec{P}(t) \quad (16.6)$$

$\hat{M}$：**遷移確率行列**（$N \times N$ の行列で，(l, m) 要素として，状態 m から l への1ス

テップでの時刻によって変化をしない遷移確率 $P(l|m)$ をもつ．また，各列ベクトルの要素の和は 1 となる．つまり，どの列 m についても，$\sum_{l'=1}^{N} P(l'|m) = 1$ となる．)

$\vec{P}(t)$：**状態確率（分布）ベクトル**（時刻 t において，N 個の可能な状態の起きる確率を，要素としてもつ列ベクトルであり，すべての要素を足しあわせると，確率の和であるので 1 となる．）

ここでは，一様マルコフチェーンを考えているので，$\hat{M}$ は時刻 t によって要素の値が変化しないという点に留意してほしい．また，時刻とともに変化をしているのは，状態確率ベクトルである．つまり，この式は状態 X 自身の変化を記述しているのではなく，確率分布が時刻とともにどのように変化をしているかを表す．すなわち，確率「空間」での力学式になっているのである．次章でもこの違いについて述べるが，ブラウン運動などで紹介してきたこれまでの確率過程の表現と違うということは，重要な点である．

16.2.1 二状態マルコフチェーン

では，具体的なマルコフチェーンの行列表現を，もっとも単純な確率変数が二つの状態①，②をもつ場合を用いて紹介しよう．**二状態マルコフチェーン**を行列で表現すると，

$$\begin{pmatrix} P_1(t+1) \\ P_2(t+1) \end{pmatrix} = \begin{pmatrix} 1-p & q \\ p & 1-q \end{pmatrix} \begin{pmatrix} P_1(t) \\ P_2(t) \end{pmatrix} \tag{16.7}$$

となる．ここで，$P_1(t), P_2(t)$ は，それぞれ時刻 t で状態①，②である確率である．また，$0 \leq p \leq 1$ は状態①から状態②への遷移確率，$0 \leq q \leq 1$ は状態②から状態①への遷移確率である．

式 (16.6) より，初期状態確率ベクトル $\vec{P}(0)$ が与えられれば，それに遷移確率行列を t 回掛けあわせることで，時刻 t での状態確率ベクトルを

$$\vec{P}(t) = \hat{M}^t \vec{P}(0) \tag{16.8}$$

として求めることができる．ここで，$\hat{M}^t$ は以下で与えられる（章末問題 16.1）．

$$\hat{M}^t = \frac{1}{p+q} \begin{pmatrix} q & q \\ p & p \end{pmatrix} + \frac{(1-p-q)^t}{p+q} \begin{pmatrix} p & -q \\ -p & q \end{pmatrix} \tag{16.9}$$

この二状態マルコフチェーンについての概念図は図 16.1 のようになる．

物理的には，図 (a) にあるように，状態はコインの裏表のように確率的に状態①か状態②をとる．一方，確率としては，マルコフチェーンが確率の時間的な力学変化を

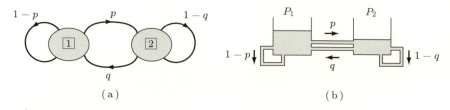

図 16.1 二状態マルコフチェーンの概念図と，「確率水」の類似

表しているということは，すでに述べた．この二つの状態をとる場合には，上記でみたように，それぞれの状態にいる確率が，ステップとともに，遷移確率行列を繰り返し掛けることで変化していく．

この様相を図 (b) のような物理的な見方で考えよう．これは，確率変数のとりうる状態をそれぞれタンクとして，その間がパイプでつながれていて，全体の量を固定した「確率水」が，タンクの間を流れながら変化するというものである．ある時刻であるタンクのなかにある水の量の割合が，その対応する状態にいる確率であり，状態確率ベクトルは，すべてのタンクのなかの水の量のスナップショットである．遷移確率はパイプの太さで表現され，各時刻ごとに栓が開けられて，この「確率水」が流れ，タンクのなかの水の分配量が変化するのである．この変化が，状態確率ベクトルの変化に対応する．

16.2.2　二状態マルコフチェーンの性質

さて，状態数が 2 では，簡単なように思われるかもしれないが，これでもさまざまな挙動をみることができる．また，その挙動によって，分類もされている．委細はより専門的な本にゆずるが，いくつかの関連する概念を紹介する．

まず，$p \neq 0$ かつ $q \neq 0$ であれば，状態①と状態②の間を相互に行ったり来たりできる．これを，状態①と状態②は連結しているという．たがいに行き来できる状態が二つ以上の場合は，連結している状態をひとくくりにして，**連結類**とよぶ．つまり，ある連結類に所属するなかでは，どの状態からも別の状態にたがいに行き来できるということである．一般には，マルコフチェーンはたがいに行き来できない複数の連結類からなる．しかし，マルコフチェーンが一つの連結類からなる場合，そのマルコフチェーンは既約であるという．この二状態モデルで，$p \neq 0$ かつ $q \neq 0$ ならば，これは**既約なマルコフチェーン**である．

「確率水」にたとえると，どの状態のタンクからも，同じグループ（連結類）に属するほかのタンクにパイプを通って水が流れ出すことも，そこから流れてくることも，相互に可能であるということである．

また，長い時間が経ったとき，すなわち，遷移確率行列を何回も掛けあわせたときに，ある一つの状態確率ベクトルに収束することがある．このベクトルを**定常状態確率ベクトル** $\vec{P}_s$ という．この状態になれば，もう遷移確率行列を掛けても，変化することはない．すなわち，

$$\vec{P}_s = \hat{M}\vec{P}_s \tag{16.10}$$

である．この式を行列や線形代数の視点から眺めれば，これは，$\vec{P}_s$ が行列 $\hat{M}$ の固有値1の固有ベクトルになっているということである．実は，上記で述べた遷移確率行列の条件を満たしている行列であれば，必ず固有値1をもち，対応する固有ベクトルが存在することが知られている．よって，必ず定常状態確率ベクトルは存在するが，一つであるとも限らないし，すべての状態から出発した状態確率ベクトルが，定常状態確率ベクトルに到達できるとも限らない（所属する連結類が違う二つの状態は，たがいに行き来できない）．

式 (16.7) の二状態マルコフチェーンに戻れば，固有値1の固有ベクトルは，
$\begin{pmatrix} q/(p+q) \\ p/(p+q) \end{pmatrix}$ であり，これが定常状態確率ベクトルである．もし，$0 < p < 1$ かつ $0 < q < 1$ であれば，どのような初期状態にあっても，この定常状態には到達できる．また，このときには，既約なマルコフチェーンになっている．

16.2.3 二状態マルコフチェーンの特殊な場合

ここからはいくつかの特殊な場合を考えてみよう．まず，一方向のみに確率の遷移がある場合，とくに，状態②が「吸収状態」である場合 $(q=0)$ を考える（図 16.2 参照）．このとき，$\hat{M}, \hat{M}^t$ はつぎのようになる．

$$\hat{M} = \begin{pmatrix} 1-p & 0 \\ p & 1 \end{pmatrix}, \quad \hat{M}^t = \begin{pmatrix} (1-p)^t & 0 \\ 1-(1-p)^t & 1 \end{pmatrix} \tag{16.11}$$

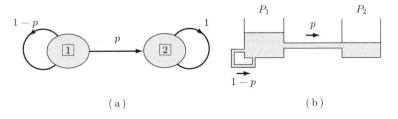

図 16.2 二状態マルコフチェーンで，一方向に確率の遷移がある場合の概念図と，「確率水」の類似

ここでは，いったん状態②に入ったら，そこから抜け出して状態①に戻ることはできない（つまり，②のタンクに流れこんだ「確率水」は，そこから流れ出ることができずたまり続ける）．その意味で，状態②は吸収状態である．よって，このマルコフチェーンは状態①と②が別の連結類となるので既約ではない．

また，定常状態確率ベクトルは下記で与えられる．

$$\vec{P}_s = \begin{pmatrix} 0 \\ 1 \end{pmatrix} \tag{16.12}$$

これは，確実に状態②にいる状況（「確率水」がたまりきった状況）であり，どのような初期状態確率ベクトルから出発しても，必ずこの状態確率ベクトルに到達できる．

例題 16.1 ◆ 式 (16.11) のマルコフチェーンで，$p = 1/2$ のとき，$\hat{M}$ と $\hat{M}^t$ を求めよ．また $\vec{P}(0) = \begin{pmatrix} 1/2 \\ 1/2 \end{pmatrix}$ の状態から，出発したときの $P(t)$ を計算せよ．これが $t \to \infty$ のとき，$\vec{P}_s = \begin{pmatrix} 0 \\ 1 \end{pmatrix}$ となることを確認せよ．

解答 ◆ 式 (16.11) に，$p = 1/2$ を代入することで得られる．

$$\hat{M} = \begin{pmatrix} \frac{1}{2} & 0 \\ \frac{1}{2} & 1 \end{pmatrix}, \quad \hat{M}^t = \begin{pmatrix} \left(\frac{1}{2}\right)^t & 0 \\ 1 - \left(\frac{1}{2}\right)^t & 1 \end{pmatrix}$$

さらに，これらを使うことで，

$$\vec{P}(t) = \begin{pmatrix} \left(\frac{1}{2}\right)^{t+1} \\ 1 - \left(\frac{1}{2}\right)^{t+1} \end{pmatrix}$$

となる．ここで，t が大きくなると，$(1/2)^{t+1} \to 0$ であるので，上記の定常状態確率ベクトルに収束する．

つぎの特殊な場合としては，$p = 1, q = 1$ を考える．このときには，$\hat{M}, \hat{M}^t$ はつぎのようになる（m は整数とする）．

$$\hat{M} = \begin{pmatrix} 0 & 1 \\ 1 & 0 \end{pmatrix}, \quad \hat{M}^t = \begin{cases} \begin{pmatrix} 1 & 0 \\ 0 & 1 \end{pmatrix} & (t = 2m) \\ \begin{pmatrix} 0 & 1 \\ 1 & 0 \end{pmatrix} & (t = 2m+1) \end{cases}$$

したがって,行列 $\hat{M}^t$ は,時刻が偶数ステップか奇数ステップであるかによって変わる.また,状態確率ベクトルはステップごとに,それぞれの状態にある確率が入れ替わる(図 16.3 参照).このため,定常状態確率ベクトルは $\vec{P}_s = \begin{pmatrix} 1/2 \\ 1/2 \end{pmatrix}$ で与えられるが,この確率ベクトルへは,ほかの確率ベクトルから出発しても到達できない.状態確率ベクトルが変化を続けるマルコフチェーンとなっている.

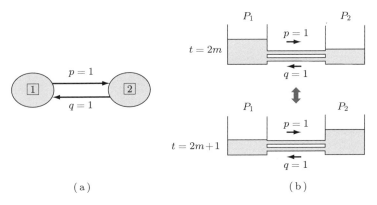

図 16.3 二状態マルコフチェーンで,確実に遷移する場合の概念図と,「確率水」の類似.時刻ステップごとに,全体の状態が入れ替わる.

16.2.4 初到達の平均時間

ここで,少し込み入るが,マルコフチェーンの別の側面をみてみよう.二状態マルコフチェーンにおいて,$f_{ij}(t)$ を状態 $\boxed{j}$ から出発して,時刻 t に状態 $\boxed{i}$ に初めて到達する確率とする.(i,j) 要素が $f_{ij}(t)$ である列を $\hat{F}(t)$ とすると,つぎのようになる.

$$\hat{F}(t) = \begin{pmatrix} f_{11}(t) & f_{12}(t) \\ f_{21}(t) & f_{22}(t) \end{pmatrix} \tag{16.13}$$

これを,すでにみた状態 $\boxed{2}$ が吸収状態の場合 ($q = 0$) に適用すると,つぎのようになる.

$$\begin{aligned}\hat{F}(1) &= \begin{pmatrix} 1-p & 0 \\ p & 1 \end{pmatrix} \quad (t=1) \\ \hat{F}(t) &= \begin{pmatrix} 0 & 0 \\ p(1-p)^{t-1} & 0 \end{pmatrix} \quad (t \geq 2) \end{aligned} \quad (16.14)$$

また，h_{ij} を，状態 $\boxed{j}$ から出発して状態 $\boxed{i}$ に到達する平均時間とすると，

$$h_{ij} = \sum_{t=1}^{\infty} t f_{ij}(t) \quad (16.15)$$

となる．たとえば，状態 $\boxed{1}$ から出発して状態 $\boxed{2}$ に到達する，すなわち吸収されるまでの平均時間は

$$h_{21} = \sum_{t=1}^{\infty} t p (1-p)^{t-1} = \frac{1}{p} \quad (16.16)$$

で与えられる．

16.3 チャップマン–コルモゴロフの方程式とマスター方程式

前節でみたマルコフ過程を，多状態，そして時間の広がりをもつ場合で考えるとき，少し別の観点から眺めることができる．本節では，そのようなアプローチの基礎となるチャップマン–コルモゴロフの方程式とマスター方程式を紹介する．

16.3.1 チャップマン–コルモゴロフの方程式

マルコフチェーンにおいて，三つの連続する時刻 $i, i+1, i+2$ における同時確率分布を考えると，これはすでに述べたように，

$$\begin{aligned} &P(x_{i+2}, i+2 : x_{i+1}, i+1 : x_i, i) \\ &= P(x_{i+2}, i+2 | x_{i+1}, i+1) P(x_{i+1}, i+1 | x_i, i) P(x_i, i) \end{aligned} \quad (16.17)$$

と遷移確率を使って分解できる．さらに，中間の x_{i+1} について，すべての状態を足しあわせると，左辺は

$$\begin{aligned} \sum_{x_{i+1}} P(x_{i+2}, i+2 : x_{i+1}, i+1 : x_i, i) &= P(x_{i+2}, i+2 : x_i, i) \\ &= P(x_{i+2}, i+2 | x_i, i) P(x_i, i) \end{aligned} \quad (16.18)$$

となる．一方，右辺は

$$\sum_{x_{i+1}} P(x_{i+2}, i+2 | x_{i+1}, i+1) P(x_{i+1}, i+1 | x_i, i) P(x_i, i) \qquad (16.19)$$

となるので，この両辺を比べることで，遷移確率について，下記の関係を得る．

$$P(x_{i+2}, i+2 | x_i, i) = \sum_{x_{i+1}} P(x_{i+2}, i+2 | x_{i+1}, i+1) P(x_{i+1}, i+1 | x_i, i) \quad (16.20)$$

前節でみた時間的一様マルコフチェーンで，離散有限状態をもつ場合，式 (16.20) は，遷移確率行列を掛けあわせることで，時刻 i から $i+2$ への，二つの時刻ステップ後への遷移確率行列が得られることを表現しているにすぎない．この関係式は，任意の 3 点の時刻（連続時間でも，離散時間でも）が連続状態の場合に拡張することができ，つぎのようになる．

$$P(x_k, t_k | x_i, t_i) = \int P(x_k, t_k | x_j, t_j) P(x_j, t_j | x_i, t_i) \, dx_j \qquad (16.21)$$

式 (16.21) は**チャップマン–コルモゴロフの方程式**とよばれる．この式が述べていることは，始点と終点への遷移確率は，その両端を結ぶ途中の確率の推移しうる経路を足しあわせた形（図 16.4 参照）で得られるということであり，量子力学などでみられる経路積分にもつながる．正確ではないが，「確率水」になぞらえていえば，あるタンクの水の量が二つの時刻の間で変化するならば，途中の時間における水の増減について，可能な場合をすべて考慮するということになる．

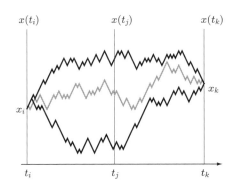

図 16.4 チャップマン–コルモゴロフの方程式の概念図．$X(t_i) = x_i$ から $X(t_k) = x_k$ に遷移する経路を足しあわせることで，遷移確率を得る．

16.3.2 マスター方程式

さらに，同様の視点から，確率分布に焦点をあててみよう．ある確率変数が，①, ②, ③, ... など，多数の状態をとりうるとする．ある時刻において，この多数の状

態にある確率全体を眺めると，つまり確率水でいえば，すべてのタンクのなかの水の量をまとめて把握すると，これがその時刻での多状態の確率分布となる．これが時々刻々と変化するのだが，この変化がマルコフ過程として，ある遷移確率に従っているときに，確率分布の力学法則を記述するのが**マスター方程式**である．自然界や社会のさまざまな現象は，多数の要素の相互作用や取引などの結果に現れる．これらの現象は，構成要素の細やかな性質やメカニズムは不明であっても，統計的な実験や観測データをとることは往々にして可能である．このような場合において，マスター方程式を活用することが可能であり，その応用範囲は広い．

では，実際に，マスター方程式について述べていこう．時刻 t において，確率変数 X がある状態 n となる確率，つまり $X(t) = n$ となる確率を $P_n(t)$ とする．この確率分布は時刻とともに変化する．このことを「確率水」の類似でみたように，ある状態 $\bar{n}$ から，別の状態 n に確率が推移すると考える．すると，これが確率分布の変化の力学のルールを決める．これを単位時間，もしくは単位ステップあたりの遷移確率 $W_{n\bar{n}}$ と表記する（ここでは，$W_{n\bar{n}}$ が時刻によって変化せず一定であるとする）．

確率分布 $P_n(t)$ と，遷移確率 $W_{n\bar{n}}$ がそろったので，これで力学法則の表現であるマスター方程式を，以下のように書き下すことができる．

(1) 離散時間，離散状態の場合

$$P_n(t+1) = P_n(t) + \sum_{\bar{n}} W_{n\bar{n}} P_{\bar{n}}(t) - \sum_{\bar{n}} W_{\bar{n}n} P_n(t) \tag{16.22}$$

少々複雑にみえるが，また確率水で考えれば，それほど難しくない（図 16.5 参照）．あるタンク n のつぎの時刻 $t+1$ の水の量は，時刻 t における水の量に，ほかのすべてのタンク $\bar{n}$ から流れてくる量を加えて，ほかのすべてのタンクに向けて流れて出ていく量を引けば求められるという，「確率水」の量のバランスの式にすぎないのである．

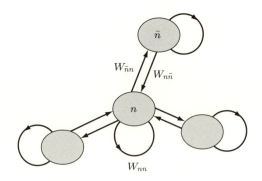

図 16.5　マスター方程式の概念図

(2) 連続時間，離散状態の場合

$$\frac{\partial}{\partial t}P_n(t) = \sum_{\bar{n}} W_{n\bar{n}} P_{\bar{n}}(t) - \sum_{\bar{n}} W_{\bar{n}n} P_n(t) \tag{16.23}$$

離散時間のステップの幅が十分に小さい近似をとることで，式 (16.23) が得られるが，こちらも，状態 n にある確率の時間変化が，流入と流出の差で決まるということを意味している．こちらでは，$W_{n\bar{n}}$ は瞬間的な「確率水」の流れの量，つまり変化率（単位時間あたりの変化量）である．それゆえ，物理的な単位は時間の逆数であることに注意してほしい．

(3) 連続時間，連続状態の場合

$$\frac{\partial}{\partial t}P(x,t) = \int W(x|\bar{x})P(\bar{x},t)d\bar{x} - \int W(\bar{x}|x)P(x,t)d\bar{x} \tag{16.24}$$

ここでは，状態も連続にしたので，遷移確率の表記を少し変えて，和を積分として置き換えた．確率の流入と流出のバランスを示す式となっていて，$P(x,t)$ の時間変化は，単位時間の流入と流出の差として表現されていることに変わりはない．

この節の冒頭に述べたように，マスター方程式の応用範囲は広い．その一例として，放射性崩壊を考える．不安定な原子核の数が，初期状態 n_0 個より，どのように少なくなっていくかを考える．連続時間，離散状態のマスター方程式を考えよう．時間が短いときの放射性崩壊においては，1 個ずつしか減少しないと仮定して，崩壊率を γ とおくと，$\bar{n}$ 個から $\bar{n}-1$ 個に変化することの遷移確率は，

$$W_{n\bar{n}} = \gamma \bar{n} \delta_{n,\bar{n}-1} \tag{16.25}$$

として与えられる．ここに現れるデルタ関数[†]によって，複数個の原子核が崩壊する遷移確率は，0 になっていることに注意してほしい．上記を用いると，連続時間，離散状態のマスター方程式は下記となる．

$$\begin{aligned}\frac{\partial}{\partial t}P_n(t) &= \sum_{\bar{n}}(\gamma\bar{n}\delta_{n,\bar{n}-1}P_{\bar{n}}(t) - \gamma n \delta_{\bar{n},n-1}P_n(t)) \\ &= \gamma(n+1)P_{n+1}(t) - \gamma n P_n(t) \end{aligned} \tag{16.26}$$

（デルタ関数により，和のなかで第 1 項は $\bar{n}=n+1$ 以外は 0，第 2 項は $\bar{n}=n-1$ 以外は 0 となる）

[†] 前出のデルタ関数の離散型でつぎのように定義される．クロネッカーのデルタ関数ともよばれる．

$$\delta_{n,m} = \begin{cases} 1 & (n=m) \\ 0 & (n \neq m) \end{cases}$$

このマスター方程式 (16.26) から，たとえば平均個数の変化を導ける．両辺に n を掛けて，その和をとると，

$$\sum_{n=0}^{\infty} n \frac{\partial}{\partial t} P_n(t) = \gamma \sum_{n=0}^{\infty} n(n+1) P_{n+1}(t) - \gamma \sum_{n=0}^{\infty} n^2 P_n(t)$$

$$= \gamma \sum_{n=0}^{\infty} (n-1) n P_n(t) - \gamma \sum_{n=0}^{\infty} n^2 P_n(t)$$

$$= -\gamma \sum_{n=0}^{\infty} n P_n(t) \tag{16.27}$$

となる．これより，平均個数 $\langle n(t) \rangle = \sum_{n=0}^{\infty} n P_n(t)$ の変化は，式 (16.27) の表記を変えると下記の式で記述できる．ここで，$\langle \ \rangle$ は期待値（平均）である（これまで使ってきた $E[\ ]$ と同じだが，物理ではよくこの表記を使う）．

$$\frac{\partial}{\partial t} \langle n(t) \rangle = -\gamma \langle n(t) \rangle, \quad \langle n(t) \rangle = n_0$$

これを解くと，

$$\langle n(t) \rangle = n_0 e^{-\gamma t}$$

となり，崩壊率が一定のときには，指数関数的に減少していくという，よく知られた結果を得る．

例題 16.2 ◆ 対称単純ランダムウォークを離散時間，離散空間マスター方程式で表記せよ．

解答 ◆ 上記の放射性崩壊の例と同様に考えると，ある位置 n におけるランダムウォークは，$n-1$ か $n+1$ の状態との遷移（図 16.6 参照）しかないので，

$$W_{n,n-1} = \frac{1}{2}, \quad W_{n,n+1} = \frac{1}{2}, \quad W_{n+1,n} = \frac{1}{2}, \quad W_{n-1,n} = \frac{1}{2}$$

以外の遷移確率は 0 である．よって，マスター方程式は下記のようになる．

$$\begin{aligned} P_n&(t+1) \\ &= P_n(t) + (W_{n,n-1} P_{n-1}(t) + W_{n,n+1} P_{n+1}(t)) \\ &\quad - (W_{n+1,n} P_n(t) + W_{n-1,n} P_n(t)) \\ &= P_n(t) + \left(\frac{1}{2} P_{n-1}(t) + \frac{1}{2} P_{n+1}(t) \right) - \left\{ \left(\frac{1}{2} + \frac{1}{2} \right) P_n(t) \right\} \\ &= \frac{1}{2} P_{n-1}(t) + \frac{1}{2} P_{n+1}(t) \end{aligned}$$

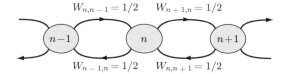

図 16.6 ランダムウォークのマスター方程式による表現

16.4 ワンステップ過程

　前節の放射性崩壊や単純ランダムウォークの例のように，整数の値で表現される状態をとり，かつ近隣の状態（現在の値に $+1$ か -1 した値で表現される状態）としか遷移しないマルコフチェーンを，**ワンステップ過程**という（図 16.7 参照）．これは離散状態をとり，きわめて短い時間には微小な変化しかしない，つまり少しずつしか変化しないと考えられるような現象や，システムの記述に活用できる．

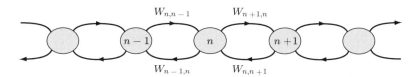

図 16.7 ワンステップ過程の概念図

　ここでは，連続時間で議論しよう．状態 $\bar{n}$ から n への変化で，g_n は $n \to n+1$，r_n は $n \to n-1$ への推移率とする．一般的には，そのようなワンステップ過程の遷移確率は以下になる（時間推移によって遷移確率が変化しない場合を考える）．

$$W_{n\bar{n}} = r_{\bar{n}}\delta_{n,\bar{n}-1} + g_{\bar{n}}\delta_{n,\bar{n}+1}, \quad W_{nn} = -(r_n + g_n) \tag{16.28}$$

また，マスター方程式は

$$\frac{\partial}{\partial t}P_n(t) = r_{n+1}P_{n+1}(t) + g_{n-1}P_{n-1}(t) - (r_n + g_n)P_n(t) \tag{16.29}$$

となる．確率過程としては，遷移確率をつくるための二つの関数 r_n, g_n と初期 $t=0$ の確率分布が与えられれば，解くことができる．

　ワンステップ過程の例として，以下ではポアソン過程と連続時間のランダムウォークを紹介しよう．

16.4.1 ポアソン過程

ポアソン過程は，一般にはまれな事象が独立して起きるときに，その起きた回数が時間とともにどのように変化するかを記述する確率過程である．事象の生起率を q として，初期の回数は 0 として考えると，連続時間マスター方程式を組み立てるために必要な情報は下記となる．

$$r_n = 0, \quad g_n = q, \quad P_n(0) = \delta_{n,0}$$

ここでは，生起率 q は n の関数ではなく，一定値であるとした．これらを使うと，連続時間マスター方程式は

$$\frac{\partial}{\partial t} P_n(t) = q(P_{n-1}(t) - P_n(t)) \tag{16.30}$$

と得られる．

なお，すでに述べたように，ポアソン過程は，時間とともにある一定の生起率で起きる独立したイベントの数などを表現する過程であるが，上記の解は平均が qt のポアソン分布となる．

$$P_n(t) = \frac{(qt)^n}{n!} e^{-qt} \quad (n = 0, 1, 2, \ldots) \tag{16.31}$$

例題 16.3◆ 式 (16.31) がマスター方程式を満たすことを示せ．

解答◆ これは，直接解を代入することで得られる．

$$\frac{\partial}{\partial t} P_n(t) = \frac{q(q^{n-1} t^{n-1})}{(n-1)!} e^{-qt} + \frac{(qt)^n}{n!} (-q) e^{-qt} = q(P_{n-1}(t) - P_n(t))$$

また，$t = 0$ を解に代入すると，初期の回数 0 の条件を満たしていることも確認できる．

16.4.2 連続時間対称単純ランダムウォーク

原点から出発する対称単純ランダムウォークについては何回かとりあげたが，これを連続時間で考える．連続時間マスター方程式の表現を使うと，**連続時間単純ランダムウォーク**は以下で表される．

$$r_n = g_n = \alpha, \quad P_n(0) = \delta_{n,0}$$

$$\frac{\partial}{\partial t} P_n(t) = \alpha P_{n+1}(t) + \alpha P_{n-1}(t) - 2\alpha P_n(t) \tag{16.32}$$

ここで，α は定数とする．離散時間のときには $1/2$ であったが，連続時間を考えることで，この定数は瞬間的な確率の流れを示す確率の推移率となっている．

式 (16.32) は，式としては簡単にみえるが，これを $P_n(t)$ について解くには少し技術がいる．$\alpha = 1$ として上記の解を具体的に求めてみよう．

まず，母関数を以下で定義する．
$$F(s,t) = \sum_{n=-\infty}^{\infty} s^n P_n(t)$$
すると，これまでもみてきた母関数の性質と初期条件（初期の回数は0）より，下記の性質が得られる．
$$F(1,t)=1, \quad F(s,0)=1, \quad \left.\frac{\partial}{\partial s}F(s,t)\right|_{s=1} = \langle n(t) \rangle \quad (16.33)$$
では，上記のマスター方程式からこの母関数に関する式を導出しよう．まず，マスター方程式 (16.32) の両辺に s^n を掛けて，n の和をとると，
$$\frac{\partial}{\partial t}F(s,t) = \left(s + \frac{1}{s} - 2\right) F(s,t)$$
を得る．これは，$F(s,t)$ についての線形な微分方程式であるので，解くことができて，
$$F(s,t) = \Omega(s) e^{(s+\frac{1}{s}-2)t}$$
となる．このとき初期条件より $F(s,0)=1$ であり，$\Omega(s)=1$ となるので，以下を得る．
$$F(s,t) = e^{(s+\frac{1}{s}-2)t}$$
これで，連続時間の対称単純ランダムウォークの母関数を得ることができた．母関数の定義をみると，s^n で級数展開をしたときの係数が，われわれの求めたい確率分布 $P_n(t)$ となっていることがわかる．これより，s に関する級数展開を施すと，以下を得る．
$$F(s,t) = e^{-2t} \sum_{k,l=0}^{\infty} \frac{t^{k+l}}{k!l!} s^{k-l}$$
したがって，$-\infty < n < \infty$ について，$n = k-l$ を用いると，マスター方程式の解である確率分布は
$$P_n(t) = e^{-2t} \sum_{l} \frac{t^{2l+n}}{(l+n)!l!} \quad (16.34)$$
となる（ここでは，l と $n+l$ が負にならないようなすべての整数について，l の和をとる）．

この関数は複雑なようにみえるが，実際にはガウス型になっていることが，数値計算などをしてみると明らかになる（図 16.8 参照）．

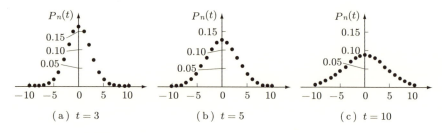

図 16.8 連続時間ランダムウォークの従う確率分布 $P_n(t)$ の例

また，ここで示したのは，マスター方程式を解くにあたり，いったんは母関数について解いて，そこから確率分布を得るという迂回した手法だが，これはよく使われる手法である．

章末問題

16.1◆ 二状態マルコフチェーンにおいて，遷移確率行列 $\hat{M}$ が $\hat{M} = \begin{pmatrix} 1-p & q \\ p & 1-q \end{pmatrix}$ で与えられるとき，$\hat{M}^t$ は以下となることを確かめよ．

$$\hat{M}^t = \frac{1}{p+q} \begin{pmatrix} q & q \\ p & p \end{pmatrix} + \frac{(1-p-q)^t}{p+q} \begin{pmatrix} p & -q \\ -p & q \end{pmatrix}$$

16.2◆ 本文では，生起率が q のポアソン過程を扱った．これは，ある事象が「発生する」だけの現象を扱っているとも考えられる．これを拡張して，「消滅する」場合も考察に入れよう．単純な場合として，「発生率」$g_n = \alpha$ と「消滅率」$r_n = \beta$ であるようなワンステップ過程の連続時間マスター方程式を書け．また，n の平均の時間変化を表す式を求めよ．

16.3◆ 章末問題 16.2 をさらに生物などの出生や死亡の問題に対応するように拡張しよう．1 人あたりの出生率や死亡率が定数であっても，実際の「人口」の増減は現在の人数 n に比例する．これを考慮すると，「出生」$g_n = \alpha n$ と「死滅」$r_n = \beta n$ とすることになる．この場合の，人口 n のワンステップ過程の連続時間マスター方程式を書け．また，n の平均の時間変化を表す式を求めよ．

17 物理理論からの確率微分方程式

ここでは，すでにとりあげた確率微分方程式を物理学の視点から紹介しよう．とくに，注目する確率変数については，第 15 章のようにブラウン運動を使うのではなく，その確率密度関数を求めることで，その性質を記述する．

確率要素を含む物理的な現象を記述するにあたっては，たとえばニュートンの運動方程式のような物理量の変化を記述する式に，さらにノイズやゆらぎをとりこむという方向が一つある．別の方向としては，対応する確率や分布の変化（第 16 章のたとえでいえば，「確率水」の変化）を記述するマスター方程式を活用する方向がある．どちらのアプローチを使うかについては，観測や実験のデータのあり方や目的によって異なることが多い．

当然，この両者には関係がある．数学的にはだいぶ粗い話になるが，応用の方向を考えるにあたっては，物理的な「空間」と確率的な「空間」を行ったり来たりすれば，数理モデルの性質を調べられるということに，感覚的に慣れていただければと思う．（参考文献：[4, 6, 9, 16, 19]）

17.1 自由ブラウン運動

ややこしい話だが，言葉遣いとして，数学と物理では似ていながら違うものがある．ブラウン運動についてもこの状況があてはまるので，教科書などを読むときには注意が必要になる．これまでわれわれが議論してきたブラウン運動（ウィーナー過程）$W(t)$ は，物理学では少し拡張されて**自由ブラウン運動**とよばれ，式 (15.26) で示したように，下記の確率微分方程式で記述されることが多い．

$$\frac{d}{dt}X(t) = \zeta(t), \quad \zeta = \kappa\xi(t), \quad X(0) = x_0 \tag{17.1}$$

ここで，κ は定数であり，ゆらぎ（ノイズ）項 $\zeta \equiv \kappa\xi(t)$ の「強さ」を表す．また，$\xi(t)$ の平均に関する性質は

$$\langle \xi(t) \rangle = 0 \tag{17.2}$$

$$\langle \xi(t)\xi(t') \rangle = \delta(t - t') \tag{17.3}$$

となる．そして，高次の相関（キュムラント）は 0 であるとする．すると，$\xi(t)$ は通常の関数としては扱えないが，ガウス型であり，$W(t)$ の各時刻での独立の増減に相当

する（式 (15.26) の $\xi(t)$ と同じである）．つまり，

$$W(t) = \int_0^t \xi(t')dt' \tag{17.4}$$

である．また，物理では，ノイズ項 ζ を強度 κ の**ガウス白色ノイズ**とよぶ．異なる時間では独立な値をもつ，すなわち時間相関のない「白色」の性質をもつためである．

式 (17.4) を用いて，式 (17.1) の解を $X(t) = \kappa W(t) + x_0$ と求めることができる．この解 $X(t)$ は，平均 x_0，分散 $\kappa^2 t$ の正規分布 $N(x_0, \kappa^2 t)$ に従う．すなわち，

$$P(x,t) = \frac{1}{\sqrt{2\pi\kappa^2 t}} \exp\left[-\frac{(x-x_0)^2}{2\kappa^2 t}\right] \tag{17.5}$$

が，自由ブラウン運動 $X(t) = \kappa W(t) + x_0$ の確率密度関数である．

17.2 ランジュバン方程式

では，物理で扱う「ブラウン運動」とはどのようなものか．これは，まさにブラウンが行った，水のなかに微粒子をおいた実験でみられた現象の数理モデル化である．水のなかにおかれた質量 M の微粒子が，摩擦と水分子からの外力 F を受けて動いている状況を，ニュートンの力学法則に則った以下の式で書き表す（実際には 2 次元であるが，本書では 1 次元で考える）．

$$M\frac{d}{dt}v(t) = F(t) = -\beta v(t) + \gamma(t) \tag{17.6}$$

ここで，$v(t)$ は注目する物理量である粒子の速度で，$\beta > 0$ が摩擦係数，そして水分子からの不規則な（ノイズ）外力が，γ である．この式の両辺を質量で割ると，以下の式になる．

$$\frac{d}{dt}v(t) = -\mu v(t) + \eta(t) \quad \left(\mu \equiv \frac{\beta}{M},\ \eta(t) \equiv \frac{\gamma(t)}{M}\right) \tag{17.7}$$

この式を，物理では**ランジュバン方程式**とよぶ．一般には，ノイズ項の η はさまざまな関数をとることができるが，ここでは，前節のノイズ項と同じようなガウス白色ノイズであるとし，$\eta(t) = \lambda\xi(t)$ とおこう（λ は正の定数）．そして，この式を前節と比べると，摩擦 μ による項が加えられていることがわかる．逆にいえば，$\mu = 0$ なら，前節の式 (17.1) の自由ブラウン運動と同じ形になる（もともとの物理を考えると，$v(t)$ は速度なので位置 $X(t)$ ではない．式 (17.7) と式 (17.1) は $\mu = 0$ のとき数式の形式として同じということである．また，η の物理的単位も ζ と異なる）．この確率過程 $v(t)$ は，数学の分野では，**オルシュタイン–ウーレンベック過程**ともよばれる．

では，この $v(t)$ はどのような性質をもっているのだろうか．ここから先は，数学的にはだいぶ粗いが，物理でよく使われる議論で話を進めていこう．初期状態として $v(t=0) = v_0$ をとると，このランジュバン方程式は形式的な「積分」が以下のようにできる．

$$v(t) = v_0 e^{-\mu t} + e^{-\mu t} \int_0^t e^{\mu t'} \eta(t')\, dt' \tag{17.8}$$

この $v(t)$ の「積分」表現は，独立なガウス型確率変数である $\eta(t')$ が $0 < t' < t$ において白色ノイズであることから線形和となっている．さらに，前述した正規（ガウス）分布の再生性，つまり「独立なガウス型確率変数の和は，ガウス型確率変数である」という性質を活用すると，$v(t)$ もガウス型確率過程であることがいえる．すなわち，この確率変数の各時刻での確率分布が，ガウス型をしている（つまり，この変数が各時刻において正規分布に従う）．それゆえ，その平均と分散のみによって決定されるという性質をもつ．

それでは，$v(t)$ の平均と分散を計算してみよう．まず，平均であるが，$\langle \eta(t) \rangle = \lambda \langle \xi(t) \rangle = 0$ を使うと，式 (17.8) の両辺の平均において積分項は 0 になる．したがって，以下のようになる．

$$\langle v(t) \rangle = v_0 e^{-\mu t} \tag{17.9}$$

つぎに，分散を求める．まず，$v(t)$ の 2 乗平均 $\langle v^2(t) \rangle$ を求めることから始める．これは式 (17.8) を直接 2 乗した式の平均を求めればよい．その際，$\langle \eta(t) \rangle = 0$ と，$t' > t$ においてノイズ $\eta(t')$ は $v(t)$ と独立であるということを利用する．これにより，以下を得る．

$$\langle v^2(t) \rangle = (v_0)^2 e^{-2\mu t} + \frac{\lambda^2}{2\mu}(1 - e^{-2\mu t}) \tag{17.10}$$

これらの結果より，分散 $\sigma^2(t)$ は

$$\sigma^2(t) = \langle (v(t) - \langle v(t) \rangle)^2 \rangle = \langle v^2(t) \rangle - \langle v(t) \rangle^2 = \frac{\lambda^2}{2\mu}(1 - e^{-2\mu t}) \tag{17.11}$$

となることが示せる．

これまでも述べたように，正規分布は，平均と分散を決定することで決まるので，上記の計算を用いると，$v(t)$ が各時刻 t において従う確率分布は，$N(\langle v(t) \rangle, \sigma^2(t))$ であり，以下のように与えられる．

$$P(v, t) = \frac{1}{\sqrt{2\pi\sigma^2(t)}} \exp\left\{ -\frac{(v - \langle v(t) \rangle)^2}{2\sigma^2(t)} \right\}$$

$$= \sqrt{\frac{\mu}{\pi\lambda^2(1-e^{-2\mu t})}} \exp\left\{-\frac{\mu(v-v_0 e^{-\mu t})^2}{\lambda^2(1-e^{-2\mu t})}\right\} \quad (17.12)$$

なお，この確率密度関数は後に出てくるフォッカー–プランク方程式の解としても導出できる．また，この式で μ が非常に小さい（$\mu \to 0$）として，v を x と読みかえれば，式 (17.12) は自由ブラウン運動の確率密度関数に近似できる．

さて，数学としてはこれで一段落なのだが，物理としてはここからが重要な議論になる．上記の結果から，「長い」時間がたつ（$t \to \infty$）と，平均と分散は下記に近づく（s は stationary（定常）を表す意味で付加した）．

$$\lim_{t\to\infty} \langle v(t)\rangle \equiv \langle v\rangle_s = 0 \quad (17.13)$$

$$\lim_{t\to\infty} \langle v^2(t)\rangle \equiv \langle v^2\rangle_s = \frac{\lambda^2}{2\mu} \quad (17.14)$$

例題 17.1◆ 式 (17.13)，(17.14) を確認せよ．

解答◆ これらはすでに求めた

$$\langle v(t)\rangle = v_0 e^{-\mu t}, \quad \langle v^2(t)\rangle = (v_0)^2 e^{-2\mu t} + \frac{\lambda^2}{2\mu}(1-e^{-2\mu t})$$

において，t を無限大にすることで得られる．

また，これらから，$t \to \infty$ において，確率分布も定常確率分布とよばれる下記に近づく．

$$\lim_{t\to\infty} P(v,t) \equiv P_s(v) = \sqrt{\frac{\mu}{\pi\lambda^2}} \exp\left(-\frac{\mu v^2}{\lambda^2}\right) \quad (17.15)$$

例題 17.2◆ 式 (17.15) を確認せよ．

解答◆ これは，複数のアプローチによって示せる．
一つは，式 (17.12) の確率密度関数 $P(v,t)$ で t を無限大にすることで確認する．もしくは，定常状態の平均（式 (17.13)）と分散（式 (17.14)）をもつガウス分布であることを使って確認する．

式 (17.9)，(17.13) をみると，ランジュバン方程式 (17.7) でノイズ項がなければ，速度が指数的に減衰していく力学式となることから，定常状態において平均が 0 になるのは，感覚的に理解できる．さらに，ブラウン粒子の速度は水分子に突き動かされて，平均 0 のあたりでゆらいでいる．その分散 σ_s^2（物理では，このような平均からのばらつきを，**ゆらぎ**ともよぶ）は，ここでは平均 0 であるので，2 乗平均と同じである．つまり，$\sigma_s^2 = \langle v^2\rangle_s$ である．粒子を突き動かしているノイズ項のゆらぎ λ^2 が大きく

なれば，この σ_s^2 は大きくなる．また，摩擦 μ が大きくなれば，より動きにくくなるので σ_s^2 は小さくなる．このように，物理と式 (17.14) の分散の表現は対応している．

確率分布 $P(v,t)$ の時間変化の観点からみれば，初期状態の v_0 でのピークから，平均が徐々に 0 に向かいながら，ピークの幅（標準偏差 $\sigma(t)$）も徐々に広がっていき，上記の $P_s(v)$ で，平均 0 と分散 σ_s^2 の正規分布に落ち着く（図 17.1 参照）．ここで，もし摩擦係数 $\beta = 0$，すなわち $\mu = \beta/M = 0$ の自由ブラウン運動であれば，平均が初期値のまま，分布が制限なく薄く広がっていくという状況となる．

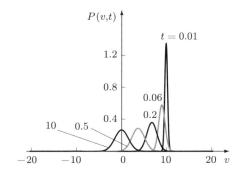

図 17.1 確率密度関数 $P(v,t)$ の例．ここで，パラメータは $\lambda = 3.0$, $\mu = 2.0, v_0 = 10$ である．初期状態で v_0 にあったピークが，時間とともに広がって，緩和していく．

ここからもわかるように，物理的には v のゆらぎの大きさは，ノイズの強さと摩擦の強さのバランスによって決まる．この数学的には何気ない分散の関係式 (17.14) は，物理学や化学では非常に大きな意味をもつことが，アインシュタインによって見抜かれた．重要なポイントは，平衡統計力学でボルツマンが得た結果である，つぎの関係と結びつけたことである．

$$\langle v^2 \rangle_s = \frac{k_B T}{M} \tag{17.16}$$

ここで，k_B はボルツマン定数とよばれる物理定数で，T が温度である．k_B と気体定数 R，アボガドロ数 N_A の間には，$R = k_B N_A$ の関係が成り立つ．これを上記の結果と結びつけると，以下となる．

$$\langle v^2 \rangle_s = \frac{k_B T}{M} = \frac{RT}{N_A M} = \frac{\lambda^2}{2\mu} \tag{17.17}$$

この関係式は，上記で述べたようにノイズの強さ（揺動）λ^2 と摩擦（散逸）の強さ μ の関係を示している．これは，**揺動散逸定理**とよばれる定理のもっとも基本的な形であり，またブラウン運動に関する研究では「アインシュタインの関係」とも名付けられている．いまでは一般社会においても常識となっているが，20 世紀初めごろには物質

が分子や原子からできているということについては，科学者でも懐疑的であった．式 (17.17) には，$\langle v^2 \rangle_s, \mu$ など，観測できたり推定できたりする物理量があり，実際，フランスのペランによって，この関係式からアボガドロ数 N_A の値が求められ[†]，原子・分子論が確固たるものとなっていった．すでに述べたように，植物学者のブラウンの発見は，現代科学と数学において非常に重要な基礎となっているのである．

例題 17.3 ◆ ランジュバン方程式から，下記の関係式を求めよ．

$$\langle v(t)\eta(t) \rangle = \frac{1}{2}\lambda^2 \tag{17.18}$$

解答 ◆ この統計量は物理的な解釈がないため，通常は計算されない．これは，ランジュバン方程式の両辺に $v(t)$ を掛けて，$\langle v^2(t) \rangle$ の結果を使いながら平均をとることで，求められる．面白いことに，この平均は時間によらず一定で，またノイズ η の分散のちょうど半分になっている．

17.3 拡散方程式

この章で紹介してきた物理から確率微分方程式へのアプローチでは，確率変数に速度などの物理的な意味付けをすることができた．また，そのような意味付けによって，確率微分方程式は物理現象のモデルとして成立している．たとえば，ランジュバン方程式は，速度の変化の法則が記述されているなど，物理的な描写である．

一方，すでにマルコフチェーンなどでもみてきたように，確率分布や密度関数がどのように変化するかを描写することもできる．これは，物理的な「空間」ではなく，確率的な「空間」での記述である．一般に，ある確率的な現象があれば，どちらの記述で考えることも自由であり，また両者の間には密接な関係がある．

ここでは，まず確率的な「空間」での自由ブラウン運動の記述である，拡散方程式について解説する．**拡散方程式**は，以下の形で与えられる確率分布 $P(x,t)$ に関する偏微分方程式である．

$$\frac{\partial}{\partial t}P(x,t) = D\frac{\partial^2}{\partial x^2}P(x,t) \tag{17.19}$$

次節で述べるが，この方程式を，時刻 $t=0$ において $x = x_0$ であるという条件で解くと，前述の自由ブラウン運動の従う確率分布が得られる．すなわち，

$$P(x,t) = \frac{1}{\sqrt{4\pi Dt}} \exp\left\{-\frac{(x-x_0)^2}{4Dt}\right\} \tag{17.20}$$

[†] ペランはこの業績でノーベル賞を得ている．

が得られる．

この式 (17.20) において，D は拡散定数とよばれ，拡散の強さを示す．この D と前述の式 (17.1), (17.5) のノイズの分散 κ^2 は，以下の関係で結ばれている．

$$D = \frac{\kappa^2}{2} \tag{17.21}$$

拡散方程式は，確率分布 $P(x,t)$ の時間と空間変化を示す式になっているが，物理では，物質を温めたときの熱の伝導や，水の上にたらされたインクの広がりにおいて，粒子集団が自由ブラウン運動に従うという数理モデルがある．そのモデルにおいては，確率を温度 $T(x,t)$ や粒子密度 $\rho(x,t)$ に置き換えてこれらの時間変化が，「拡散」していく様子を式 (17.20) で表現する．拡散定数 D が大きいほど，拡散の速度が速い状況に対応する．1 点で加えられたインクのシミが，じわりじわりと広がって，やがて一様な分布になるという物理描写を思い浮かべてもらえればよいと思う．

例題 17.4 ◆ 式 (17.20) の $P(x,t)$ が，式 (17.19) の拡散方程式の解であることを確認せよ．

解答 ◆ これは，式 (17.19) に式 (17.20) を直接代入することで確認できる．少し込み入るが，両辺とも下記となる．

$$\frac{1}{\sqrt{4\pi Dt}} \left\{ \frac{(x-x_0)^2}{4Dt^2} - \frac{1}{2t} \right\} \exp\left\{-\frac{(x-x_0)^2}{4Dt}\right\}$$

数学的には，これで自由ブラウン運動を物理「空間」で表現する式 (17.1) と，上記の拡散方程式を確率「空間」で表現する式 (17.19) が，同じ確率密度関数をもつということが示せ，その対応が明らかになった．前者は物理量の変化式であり，後者は確率密度関数の変化の式であることには，くどいようだが再度留意してほしい．

17.4　フォッカー－プランク方程式

前節の議論と平行して，ここではランジュバン方程式 (17.7) と対応する確率「空間」での式を紹介しよう．この方程式は下記で与えられ，**フォッカー－プランク方程式**とよばれる．

$$\frac{\partial}{\partial t}P(v,t) = \frac{\partial}{\partial v}\{(\mu v)P(v,t)\} + \frac{\lambda^2}{2}\frac{\partial^2}{\partial v^2}P(v,t) \tag{17.22}$$

この偏微分方程式とランジュバン方程式の関係をみていこう．まず，摩擦係数 $\beta = 0$, つまり $\mu = 0$ であるならば，どちらも拡散方程式と自由ブラウン運動の式と同じ形に

なるのは，容易にみてとれる．具体的な対応をみるために，実際にこのフォッカー–プランク方程式を解いてみる．

初期条件としては，これまでどおり，$v = v_0$ とする．つまり，確率密度関数は，v_0 以外では 0 であるとして，デルタ関数を用いる．

$$P(v, 0) = \delta(v - v_0) \tag{17.23}$$

式 (17.23) の初期条件とともに，フォッカー–プランク方程式に v に関するフーリエ変換を施すと，下記のようになる（虚数 i の前の符号に注意（付録 A.1 参照））．

$$R(k, t) = \int_{-\infty}^{+\infty} e^{-ikv} P(v, t)\, dv \tag{17.24}$$

これにより，変換された方程式と初期条件の式は，以下のようになる．

$$\frac{\partial}{\partial t} R(k, t) = -\mu k \frac{\partial}{\partial k} R(k, t) - \frac{\lambda^2}{2} k^2 R(k, t) \tag{17.25}$$

$$R(k, 0) = e^{-ikv_0} \tag{17.26}$$

この式を眺めると，フォッカー–プランク方程式では 2 階微分を含んでいたが，式 (17.25) は 1 階微分で表され，より扱いやすくなっている．そして，この形の偏微分方程式は，特性曲線法という手法で解くことができる．委細については省略するが，その手法により，上記の解は

$$R(k, t) = \exp\left[-ikv_0 \exp(-\mu t) - \frac{\lambda^2}{4\mu} k^2 \{1 - \exp(-2\mu t)\}\right] \tag{17.27}$$

と得ることができる．これをもとのフォッカー–プランク方程式の解にするには，フーリエ逆変換を施す．

$$P(v, t) = \frac{1}{2\pi} \int_{-\infty}^{+\infty} e^{ikv} R(k, t)\, dk \tag{17.28}$$

これにより，結果として下記を導くことができる．

$$P(v, t) = \sqrt{\frac{\mu}{\pi \lambda^2 \{1 - \exp(-2\mu t)\}}} \exp\left[-\frac{\mu \{v - v_0 \exp(-\mu t)\}^2}{\lambda^2 \{1 - \exp(-2\mu t)\}}\right] \tag{17.29}$$

この解も，前述のランジュバン方程式から粗い議論で導出した解と同じであり，前節と同様に，ランジュバン方程式 (17.7) とフォッカー–プランク方程式 (17.22) の対応がとれたことになる．

例題 17.5 ◆ 式 (17.29) の確率密度関数 $P(v, t)$ が，フォッカー–プランク方程式を満たすことを確かめよ．

解答◆ これも，例題 17.4 の拡散方程式と同様に，式 (17.22) に式 (17.29) を直接代入することで確認できる．実際に計算をするとかなり複雑になるので，ここでは委細の記述は行わないが，時間のあるときにでも計算機を活用して確認してほしい．

ここで，本章に出てきた対応をまとめたのが，表 17.1 である．章末問題でふれるが，**エレンフェストの壺**（エレンフェストのモデル）があり，これが，ランジュバン方程式や，フォッカー–プランク方程式と対応する（付録 A.7 参照）．

表 17.1 確率過程の対応比較

摩擦なし ($\mu = 0$)	摩擦あり ($\mu \neq 0$)
ウィーナー過程	オルンシュタイン–ウーレンベック過程
自由ブラウン運動	ランジュバン方程式
対称単純ランダムウォーク	エレンフェストの壺
拡散方程式	フォッカー–プランク方程式

このように眺めてみると，たがいの関係，対象，目的によって，違うアプローチがとれることもわかりやすい．こうした全体像をぼんやりとでも感じてもらえると，確率過程の学習や応用に役立つのではないかと考える．

章末問題

17.1◆ エレンフェストの壺について考えよう．これは，つぎのようなものである．二つの部分（⊕ と ⊖）に仕切られた壺，もしくは箱に，$n_+ + n_- = N$ 個の玉が入っている（図 17.2 参照）．この箱のなかから一つの玉を無作為に選ぶ（つまり，どの玉も $1/N$ の確率で選ばれる）．そして，選ばれた玉を，入っている箱の部分から，もう一方の部分に移動する．これを繰り返して，二つの部分に入っている玉の数の差 $x = n_+ - n_-$ を考える．$t+1$ 回の繰り返しで，差が x となる確率は，下記のようなマスター方程式となることを確認せよ．

$$P(x, t+1) = \frac{1}{2}\left(1 - \frac{x-2}{N}\right) P(x-2, t) + \frac{1}{2}\left(1 + \frac{x+2}{N}\right) P(x+2, t)$$

17.2◆ エレンフェストの壺をランダムウォークの観点から議論せよ．

17.3◆ エレンフェストの壺で x の平均を考えることにより，物理的な意味を議論せよ．

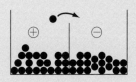

図 17.2 二つの部分に分かれた箱：エレンフェストの壺の概念図

付　録

A.1　フーリエ変換

　確率密度関数と特性関数がフーリエ変換で結ばれていることについては，第10章で述べた．確率かどうかにかかわらず，ある程度性質のよい関数は，下記の関係で結ばれていることが知られている．

$$g(t) = \int_{-\infty}^{+\infty} e^{itx} f(x)\, dx \tag{A.1}$$

$$f(x) = \frac{1}{2\pi} \int_{-\infty}^{+\infty} e^{-itx} g(t)\, dt \tag{A.2}$$

　どちらも積分による変換だが，式 (A.1) を**フーリエ変換**，式 (A.2) を**フーリエ逆変換**という（ただし，分野や書籍によっては，$1/2\pi$ を前者の積分の前にもってきたり，$\sqrt{1/2\pi}$ を両者の積分の前に均等におくなど自由度があり，虚数 i の前の符号を逆にする定義（式 (17.24), (17.28)）もあるので，注意が必要である）．このフーリエ変換については，さまざまな解釈ができるが，一つの類似として，数ベクトルの基本ベクトルへの分解がある．それぞれの基本ベクトルにかかる係数が必要となるが，ここでは，$f(x)$ という「ベクトル」を $\{e^{-itx}\}$ という「基本ベクトル」に分解するとき，$g(t)$ が係数にあたる．フーリエ変換はこの係数の計算のルールを与えてくれる．逆に，この係数を知れば，$f(x)$ を構成できるので，$f(x)$ と $g(t)$ は同じ情報をもっているというのも自然である．

A.2　ガウス積分

　正規分布のフーリエ変換を求めるときに鍵となるのが，つぎの**ガウス積分**である．

$$\int_{-\infty}^{+\infty} e^{-\alpha x^2}\, dx = \sqrt{\frac{\pi}{\alpha}} \tag{A.3}$$

ここで，α は定数である．このガウス積分を使うと，正規分布の確率の和が1になるという計算や，特性関数を求める計算ができる．この公式の証明などは，参考書を参照されたい．

A.3 確率密度関数と特性関数の対応

付録 A.1 のフーリエ変換などを用いて得られる，関数や分布についての確率密度関数 $f(x)$ と特性関数 $\phi(t)$ の対応を表 A.1 にまとめた．

表 A.1　確率密度関数と特性関数の対応

名称	$f(x)$	$\phi(t)$
デルタ関数	$\delta(x-\alpha)$	$e^{it\alpha}$
区間 (a,b) の一様分布 $U(a,b)$		$\dfrac{e^{itb}-e^{ita}}{it(b-a)}$
二項分布　$B_i(n,p)$	${}_nC_x\, p^x(1-p)^{n-x}$	$\{(1-p)+pe^{it}\}^n$
ポアソン分布　$P_o(\lambda)$	$e^{-\lambda}\dfrac{\lambda^x}{x!}$	$e^{\lambda(e^{it}-1)}$
正規分布 $N(m,\sigma^2)$	$\dfrac{1}{\sqrt{2\pi\sigma^2}}e^{-\frac{(x-m)^2}{2\sigma^2}}$	$e^{-\frac{t^2\sigma^2}{2}+imt}$
指数分布	$\lambda e^{-\lambda x}$	$\dfrac{\lambda}{\lambda-it}$

A.4 モンティ・ホール問題

ここでは，第 5 章で述べたベイズの定理の一つの応用として，**モンティ・ホール問題**の概要を紹介しよう．ちなみに，モンティ・ホールはクイズ番組の司会者の名前である．

この問題は，三つのカーテンのうちの一つに隠された懸賞を，観客から選ばれた回答者が司会者とやりとりをして当てようというクイズである．具体的には以下である．

❶ 懸賞は三つのカーテンのどれか一つの後ろに等確率（つまり，それぞれ 1/3 の確率）で置かれている．このとき，司会者はどのカーテンの後ろに懸賞があるかは知っている．

❷ まず，回答者は懸賞を当てようとして一つのカーテンを選ぶ．この選ばれたカーテンを A としよう．

❸ 司会者は，回答者の選ばなかった二つのカーテンのうち，懸賞のない（二つとも懸賞がなければ無作為に一つ選んで）カーテン B を開き，カーテン B の後ろに懸賞がないことを回答者と確認する．

❹ さらに，司会者は回答者にこのまま最初に選んだカーテン A を保持するか，開けられていないもう一つのカーテン C に変更するかの選択を与える．

❺ 回答者の選択後カーテンが開けられ，懸賞があれば（アタリ）回答者に懸賞が渡される．

さて，話題となったのは，回答者はアタリの確率を高めるために，上記の❹においてカーテンの選択を保持すべきか，変えるべきか，どちらでもアタリの確率は変わらないか，という点である．これについて，条件付き確率やベイズの定理を使って考えてみよう．

まず，事象を下記のように切り分けて整理する．

$$\text{事象 } A : \text{カーテン A の後ろに懸賞がある}$$
$$\text{事象 } B : \text{カーテン B の後ろに懸賞がある}$$
$$\text{事象 } C : \text{カーテン C の後ろに懸賞がある}$$
$$\text{事象 } Bo : \text{カーテン B が司会者に開けられる}$$

少し丁寧に考える必要があるが，ここで求めるべき確率は，カーテン B が開けられたという条件の下でカーテン A の後ろに懸賞があるという条件付き確率 $P(A|Bo)$ と，カーテン B が開けられたという条件の下でカーテン C の後ろに懸賞があるという条件付き確率 $P(C|Bo)$ である．この二つの条件付き確率を比較することで，回答者の選択の優劣を決めることができる．

ここで，ベイズの定理からこの二つの条件付き確率はつぎのようになる．

$$P(A|Bo) = \frac{P(Bo|A)P(A)}{P(Bo)}$$
$$= \frac{P(Bo|A)P(A)}{P(Bo|A)P(A) + P(Bo|B)P(B) + P(Bo|C)P(C)} \tag{A.4}$$

$$P(C|Bo) = \frac{P(Bo|C)P(C)}{P(Bo)}$$
$$= \frac{P(Bo|C)P(C)}{P(Bo|A)P(A) + P(Bo|B)P(B) + P(Bo|C)P(C)} \tag{A.5}$$

では，与えられた条件から具体的な確率を計算しよう．これも丁寧に考える必要があるが，題意よりそれぞれ

$$P(A) = P(B) = P(C) = \frac{1}{3}$$
$$P(Bo|A) = \frac{1}{2}, \quad P(Bo|B) = 0, \quad P(Bo|C) = 1$$

となる．これらを式 (A.4)，(A.5) に代入すると，

$$P(A|Bo) = \frac{1}{3}, \quad P(C|Bo) = \frac{2}{3}$$

となる．

これより，最初に選んだカーテン A からカーテン C に選択を変更すれば，アタリの確率は 2 倍となることがわかる．つまり，回答者は選択を変更するほうが有利である．

実際に実験をしてもこの結果は確認されている．だが，これを不思議に思う人も多かった．「懸賞がもともと等確率で置かれているのであれば，選択を変えようが，変えまいがアタリの確率は変わらないではないか」というのがこの結果を意外に感じる人の議論の中心であるようだ．しかし，この「対称性（同等性）」は，条件付き確率 $P(Bo|A), P(Bo|B), P(Bo|C)$ の違いに現れているように，事象 Bo のカーテンを開けることで崩れているのである．

この問題は有名な数学者も巻き込んで論争をよんだが，確率を考えるときの繊細な注意の必要性を感じさせる歴史的な好例である．

A.5 確率変数の和，積，商の確率密度関数

たがいに独立で実数値をとる確率変数 X, Y を考える．それぞれの確率密度関数を $f_X(x), f_Y(y)$ とするとき，和 (7.3.2 項で既出) $Z = X+Y$, 積 $Z = XY$, 商 $Z = X/Y$ の確率密度関数 $f_Z(z)$ は下記の積分の形で与えられる．

(a) 和　$Z = X + Y$

$$f_Z(z) = \int_{-\infty}^{+\infty} f_X(z-y) f_Y(y) \, dy \tag{A.6}$$

(b) 積　$Z = XY$

$$f_Z(z) = \int_{-\infty}^{+\infty} \frac{1}{|y|} f_X\left(\frac{z}{y}\right) f_Y(y) \, dy \tag{A.7}$$

(c) 商　$Z = X/Y$

$$f_Z(z) = \int_{-\infty}^{+\infty} |y| f_X(zy) f_Y(y) \, dy \tag{A.8}$$

とくに，確率変数 X, Y が標準正規分布に従うとき，つまり $f_X(x), f_Y(y)$ が以下で与えられるときを考える．

$$f_X(x) = \frac{1}{\sqrt{2\pi}} \exp\left(-\frac{x^2}{2}\right), \quad f_Y(y) = \frac{1}{\sqrt{2\pi}} \exp\left(-\frac{y^2}{2}\right)$$

このとき，和，積，商は以下のようになる．途中式は一部省略する．

(a) 和　$Z = X + Y$

$$f_Z(z) = \frac{1}{\sqrt{4\pi}} \exp\left(-\frac{z^2}{4}\right) \tag{A.9}$$

これは，平均 0, 分散 2 の正規分布である．

(b) 積　$Z = XY$

$$\begin{aligned}
f_Z(z) &= \frac{1}{\pi} \int_0^{+\infty} \frac{1}{y} \exp\left(-\frac{z^2}{2y^2} - \frac{y^2}{2}\right) dy \\
&= \frac{1}{\pi} \int_0^{+\infty} \frac{1}{2t} \exp\left(-t - \frac{z^2}{4t}\right) dt \quad \left(t = \frac{y^2}{2}\right) \\
&= \frac{1}{\pi} K_0(z)
\end{aligned} \tag{A.10}$$

ここで，

$$K_0(z) = \int_0^{+\infty} \frac{1}{y} \exp\left(-\frac{z^2}{2y^2} - \frac{y^2}{2}\right) dy$$

とすると，$K_0(z)$ は第 2 種の変形ベッセル関数とよばれる関数である．

(c) 商　$Z = X/Y$

$$\begin{aligned}
f_Z(z) &= \int_0^{+\infty} y \exp\left(-\frac{(z^2+1)y^2}{2}\right) dy \\
&= \frac{1}{\pi} \frac{1}{1+z^2} \int_0^{+\infty} \exp(-t) \, dt \quad \left(t = \frac{(1+z^2)y^2}{2}\right) \\
&= \frac{1}{\pi(1+z^2)}
\end{aligned} \tag{A.11}$$

これは 11.2 節に出てきたコーシー分布である．

A.6 二つの確率変数が無相関であるが独立でない例

9.4 節で少し述べたが，二つの確率変数 X, Y が無相関であるが独立でない場合を考えよう．ここで，X は $\{-1, +1\}$ の二値をとるが，Y は $\{-1, 0, +1\}$ の三値をとり，その同時確率分布は

$$P(X=+1:Y=+1)=\frac{1}{6}, \quad P(X=+1:Y=0)=\frac{1}{6},$$
$$P(X=+1:Y=-1)=\frac{1}{6}, \quad P(X=-1:Y=+1)=\frac{1}{4}, \quad (\text{A.12})$$
$$P(X=-1:Y=0)=0, \quad P(X=-1:Y=-1)=\frac{1}{4}$$

のように与えられるとする.これを表にすると,表 A.2 のようになる.

表 A.2　二つの確率変数の同時確率

$X \diagdown Y$	$Y=+1$	$Y=0$	$Y=-1$	計
$X=+1$	1/6	1/6	1/6	1/2
$X=-1$	1/4	0	1/4	1/2
計	5/12	1/6	5/12	1

計算をすると $E[X]=E[Y]=E[XY]=0$ となるので,$Cov[X,Y]=E[XY]-E[X]E[Y]=0$ よりこの場合において確率変数 X,Y は無相関である.しかし,明らかに $P(X:Y) \neq P(X)P(Y)$ であるので,確率的に独立ではない.

また,確率変数 X,Y がともに二値をとる場合に,同様の例がつくれるかも考えてみてほしい.

A.7　フォッカー–プランク方程式の導出

ここでは,エレンフェストの壺(章末問題 17.1)[†]と関連するマスター方程式

$$P(x,t+1)=\frac{1}{2}\left(1-\frac{x-1}{N}\right)P(x-1,t)+\frac{1}{2}\left(1+\frac{x+1}{N}\right)P(x+1,t) \quad (\text{A.13})$$

からフォッカー–プランク方程式

$$\frac{\partial}{\partial t}P(v,t)=\frac{\partial}{\partial v}\{(\mu v)P(v,t)\}+\frac{\lambda^2}{2}\frac{\partial^2}{\partial v^2}P(v,t) \quad (\text{A.14})$$

を導出する概略を示す.

まず,マスター方程式 (A.13) の両辺から $P(x,t)$ を引く.すると,つぎのようになる.

$$P(x,t+1)-P(x,t)$$
$$=\left\{\frac{1}{2}\left(1-\frac{x-1}{N}\right)P(x-1,t)-\frac{1}{2}\left(1-\frac{x}{N}\right)P(x,t)\right\}$$

[†] 各時刻 x の変化を ± 2 から ± 1 に読み替えている.

$$+ \left\{ \frac{1}{2}\left(1 + \frac{x+1}{N}\right) P(x+1, t) - \frac{1}{2}\left(1 + \frac{x}{N}\right) P(x, t) \right\} \qquad (A.15)$$

ここで，一般の関数 $f(s)$ を $f(s\pm 1)$ に「ずらす」演算子を以下のように導入する．

$$\mathcal{E}_s^+ f(s) = f(s+1), \quad \mathcal{E}_s^- f(s) = f(s-1) \qquad (A.16)$$

とくに，ずらす量 ± 1 が s に比べて小さいとき，これらのずらし演算子は

$$\mathcal{E}_s^\pm = 1 \pm \frac{\partial}{\partial s} + \frac{1}{2}\frac{\partial^2}{\partial s^2} \pm \frac{1}{3!}\frac{\partial^3}{\partial s^3} + \cdots \qquad (A.17)$$

のようにテイラー展開した式で近似できる．

このずらし演算子を x, t に用いて，上記のマスター方程式 (A.15) を書き換えると

$$(\mathcal{E}_t^+ - 1)P(x,t)$$
$$= (\mathcal{E}_x^- - 1)\left\{\frac{1}{2}\left(1 - \frac{1}{N}x\right)P(x,t)\right\} + (\mathcal{E}_x^+ - 1)\left\{\frac{1}{2}\left(1 + \frac{1}{N}x\right)P(x,t)\right\} \qquad (A.18)$$

となる．さらに，式 (A.17) を用いて，t については 1 階微分，x については 2 階微分まで展開し，式を整理すると以下を得る．

$$\frac{\partial}{\partial t}P(x,t) = \frac{\partial}{\partial x}\left\{\left(\frac{1}{N}x\right)P(x,t)\right\} + \frac{1}{2}\frac{\partial^2}{\partial x^2}P(x,t) \qquad (A.19)$$

この方程式は $1/N = \mu, \lambda = 1$ とすると，フォッカー–プランク方程式 (A.14) と一致する．

章末問題解答例

第2章

2.1 ◆ 実際に計算をすると，下記となる．

$$_{10}P_4 = 5040, \quad _{10}\Pi_4 = 10000, \quad _{10}C_4 = 210, \quad _{10}H_4 = 715$$

例題 2.5 と比べると，順列は 2 桁小さくなっているが，組合せは同じ値か，1 桁だけ小さくなることがわかる．

2.2 ◆ 公式を使って計算をすると，下記となる．

$(9,9,2): 9237800, \quad (6,6,8): 116396280, \quad (4,4,12): 8817900, \quad (2,2,16): 29070$

同じ 20 人を三つに分ける場合の数も，その分け方によって大きく変化することがわかる．

2.3 ◆ 実際に $n_1 = 200$, $r = 100$, $k = 25$ を代入して，計算機で，$n_1 \leq n$ の各 n での $\mathcal{L}(n)$ の値を計算して，十分大きな n（たとえば，10000）まで足しあわせる「積分」計算をすると，100/3 に収束する．これは 1 をはるかに超える．

第3章

3.1 ◆ 1 の目が出る事象を A，奇数が出る事象を B とすれば，求める条件付き確率は

$$P(A|B) = \frac{P(A:B)}{P(B)} = \frac{1/6}{1/2} = \frac{1}{3}$$

となる．

3.2 ◆ 二つのサイコロの目の和が奇数である事象を A とし，8 以下である事象を B とする．すべての目の出る場合（36 通り）のなかで，和が 8 以下かつ奇数である場合は

和が 7 : $(1,6), (2,5), (3,4), (4,3), (5,2), (6,1) \cdots$ 6 通り

和が 5 : $(1,4), (2,3), (3,2), (4,1) \cdots$ 4 通り

和が 3 : $(1,2), (2,1) \cdots$ 2 通り

の 12 通りであるので，$P(A:B) = 12/36 = 1/3$ である．同様に数え上げれば，$P(B) = 26/36 = 13/18$ となる．

よって，

$$P(A|B) = \frac{P(A:B)}{P(B)} = \frac{1/3}{13/18} = \frac{6}{13}$$

となる．

3.3 ◆ 全確率の公式を用いる．指名した学生が博士号をとる事象を S とし，それぞれの県の出身である事象をそのまま A, B, C とすれば，全確率の公式より

$$P(S) = P(S|A)P(A) + P(S|B)P(B) + P(S|C)P(C)$$
$$= 0.6 \times 0.04 + 0.3 \times 0.02 + 0.1 \times 0.02 = 0.032$$

となり，3.2%である．

第4章

4.1◆ (1) まず，事象 A, B が同時に起きる場合は例 4.1 と同じで下記である．

$$A \cap B = \{(2,3),(2,4),(4,3),(4,4),(6,3),(6,4)\}$$

このとき，$A \cap B$ のそれぞれの組合せについて確率を求める．$(4,4)$ が出る確率は $(1/6) \times (1/4) = 1/24$ だが，ほかの五つの組合せが出る確率はそれぞれ $(1/6) \times (3/20) = 1/40$ である．これから，同時確率は下記となる．

$$P(A:B) = \frac{1}{24} + 5 \times \frac{1}{40} = \frac{1}{6}$$

さらに，それぞれのサイコロでの事象 A, B の確率を計算すると，

$$P(A) = \frac{1}{2}$$

となる．一方，3,4 の出る確率は同じ目が出る場合と，そうでない場合を考えると，それぞれ $(1/24) + 5 \times (1/40) = 1/6$ であるので，

$$P(B) = \frac{1}{6} + \frac{1}{6} = \frac{2}{6}$$

である．よって，

$$P(A)P(B) = \frac{1}{2} \times \frac{2}{6} = \frac{1}{6}$$

である．したがって，$P(A:B) = P(A)P(B)$ となるので，A と B は確率的に独立であることが確認できる．

(2) 同様に，事象 A, C が同時に起きる場合は下記である．

$$A \cap C = \{(2,2),(2,4),(4,2),(4,4),(6,2),(6,4)\}$$

この場合では $(2,2), (4,4)$ が出る確率は $(1/6) \times (1/4) = 1/24$ だが，ほかの四つの組合せが出る確率はそれぞれ $(1/6) \times (3/20) = 1/40$ である．これから，同時確率は下記となる．

$$P(A:C) = 2 \times \frac{1}{24} + 4 \times \frac{1}{40} = \frac{11}{60}$$

一方，

$$P(A)P(C) = \frac{1}{2} \times \frac{2}{6} = \frac{1}{6}$$

であることは変わらないので，A と C は確率的に独立ではない．

4.2◆ 子供が 4 人いる場合，性別の組合せは $2^4 = 16$ 通りある．ここで，それぞれの場合の数はつぎのようになる．

　事象 A：多くとも女の子が 1 人いる $\cdots$ 5 通り
　事象 B：男の子と女の子がいる $\cdots$ 14 通り
　$A \cap B$：男の子と，1 人の女の子がいる $\cdots$ 4 通り
　これにより，

$$P(A) = \frac{5}{16}, \quad P(B) = \frac{7}{8}, \quad P(A:B) = \frac{1}{4}$$

であり，$P(A:B) \neq P(A)P(B)$ となる．したがって，A と B は確率的に独立ではない．例 4.3 とは単に子供の人数が変わっただけで，事象の記述は変更されていないことに留意されたい．

第 5 章

5.1◆ 個人からの寄付である事象を A，団体からの寄付である事象を B とし，1000 万円の寄付があった事象を C として，ベイズの定理を用いて，C を条件として A と B の条件付き確率 $P(A|C), P(B|C)$ を求める．

$$P(A|C) = \frac{P(C|A)P(A)}{P(C|A)P(A) + P(C|B)P(B)} = \frac{0.1 \times 0.5}{0.1 \times 0.5 + 0.3 \times 0.5} = 0.25$$

$$P(B|C) = \frac{P(C|B)P(B)}{(P(C|A)P(A) + P(C|B)P(B))} = \frac{0.3 \times 0.5}{0.1 \times 0.5 + 0.3 \times 0.5} = 0.75$$

これらより，寄付が個人であった確率は 0.25，団体であった確率は 0.75 であると推定できる．

5.2◆ 感染症にかかっている事象を A，この検査で陽性反応が出る事象を B として，条件付き確率 $P(A|B)$ を求める．問題の記述より，つぎのようになる．

$$P(B|A) = 0.9, \quad P(B|A^c) = x, \quad P(A) = 0.1, \quad P(A^c) = 0.9$$

これらを用いて，ベイズの定理を活用すると，

$$P(A|B) = \frac{P(B|A)P(A)}{P(B|A)P(A) + P(B|A^c)P(A^c)} = \frac{0.9 \times 0.1}{0.9 \times 0.1 + x \times 0.9} = \frac{1}{1 + 10x}$$

となる．ここで，それぞれの x の値を代入すると，以下となる．

$x = 0.01$ のとき $P(A|B) = 0.91$，$x = 0.1$ のとき $P(A|B) = 0.50$，
$x = 0.3$ のとき $P(A|B) = 0.25$

このように，感染時の検査反応が正しい確率が高くても，誤って陽性反応を出す確率 x がある程度高くなると，陽性反応が出て実際に感染している確率 $P(A|B)$ はだいぶ低くなる．

5.3◆ バス，電車，タクシーで小銭入れを落としたという事象を，順に A, B, C として，目的地で小銭入れがなかったという事象を L とする．すると，目的地で小銭入れがあったという事象は L^c であり，これは，どこでも落とさなかったということなので，以下が成り立つ．

$$P(L) = 1 - P(L^c) = 1 - P(A^c : B^c : C^c) = 1 - (1-p)^3$$

ここで，三つの乗り物でどこでも落とさなかった確率 $P(A^c : B^c : C^c)$ は，それぞれで $1-p$ で，独立な事象であることを使った（「落とす」，「落とさない」の面をもつコインを独立に 3 回投げることと同じである）．

求めたい確率は，L を条件とした条件付き確率 $P(A|L), P(B|L), P(C|L)$ である．ここ

で，同時確率を考えると，ある乗り物で落としたということは，それ以前の乗り物では落としていないということなので，

$$P(A:L) = p, \quad P(B:L) = (1-p)p, \quad P(C:L) = (1-p)(1-p)p$$

となる．よって，求めたい条件付き確率は下記となる．

$$P(A|L) = \frac{P(A:L)}{P(L)} = \frac{p}{1-(1-p)^3}, \quad P(B|L) = \frac{P(B:L)}{P(L)} = \frac{(1-p)p}{1-(1-p)^3},$$

$$P(C|L) = \frac{P(C:L)}{P(L)} = \frac{(1-p)(1-p)p}{1-(1-p)^3}$$

ここで，$p = 0.1$ とすると，

$$P(A|L) = 0.369, \quad P(B|L) = 0.332, \quad P(C|L) = 0.299$$

また，$p = 0.5$ とすると，

$$P(A|L) = 0.571, \quad P(B|L) = 0.286, \quad P(C|L) = 0.143$$

となり，落とした確率が大きいと，最初の乗り物で落とす確率が後の乗り物で落とす確率よりも，相対的により大きくなる．そして，どれも p よりも大きいことにも留意されたい．

第 6 章

6.1◆ 例題 6.3 と異なり，二つのコインが投げられる．この点に注意しながら，例題 6.2 の表 6.3，6.4 から，$X - Y = 6$ となる場合とその確率を考える．すると，$(0, -6)$，$(2, -4), (4, -2), (6, 0), (8, 2)$ の 5 通りとなる．また，2 人のコイン投げは独立であるので，上記のそれぞれの確率は積となり，これらの和をとると，求める確率は 841/8192 となる．これは例題 6.3 の一つのコイン投げで，$X - Y = 6$ となる確率 $7/64 = 896/8192$ より少し小さい．

6.2◆ Y_n のとる値は $\{0, 1, 2, \ldots, n\}$ の整数であり，この分布は式 (7.2) で出てくる二項分布である．式 (6.8) と同様に，これをデルタ関数と組み合わせて，つぎのように表現できる．

$$f(y) = \sum_{k=0}^{n} \binom{n}{k} p^k (1-p)^{n-k} \delta(y-k)$$

6.3◆ 定義に従って微分計算することで，以下が求められる．

$$f(x) = \frac{dF(x)}{dx} = \begin{cases} \lambda e^{-\lambda x} & (x \geq 0) \\ 0 & (x < 0) \end{cases}$$

これは次章に出てくる実数 $[0, \infty)$ 上で定義される指数分布の確率密度関数である．

第 7 章

7.1◆ 定義に従って計算する．まず，$F(x) = 0 \ (x < 0)$ であり，$x \geq 0$ については

$$\int_{-\infty}^{x} f(x') \, dx' = \int_{0}^{x} \lambda e^{-\lambda x'} \, dx' = 1 - e^{-\lambda x'}$$

と計算できるので以下のようになる.
$$F(x) = \begin{cases} 1 - e^{-\lambda x} & (x \geq 0) \\ 0 & (x < 0) \end{cases}$$

7.2◆ 指数分布に従う確率変数の値の範囲が $[0, \infty)$ であることに再び留意すると,
$$\bar{f}_Z(z) = \int_{-\infty}^{+\infty} f_X(x) f_Y(z-x)\, dx = \int_0^z 2e^{-2x} \times 3e^{-3(z-x)}\, dx = 6e^{-3z}(e^z - 1)$$
となるが,これは例題 7.8 で求めた $f_Z(z)$ と同じである.

7.3◆ 指数分布はつぎの確率密度関数をもつ.
$$f(x) = \begin{cases} \lambda e^{-\lambda x} & (x \geq 0) \\ 0 & (x < 0) \end{cases}$$

これを用いて,定義にそって計算すると,
$$\int_{-\infty}^{M} f(x)\, dx = \int_0^M \lambda e^{-\lambda x}\, dx = 1 - e^{-\lambda M} = \frac{1}{2}$$

これを M について解くと,答えが求められる.
$$M = \frac{\ln 2}{\lambda}$$

この計算でも現れたように,累積確率分布 $F(x)$ が与えられていれば,中央値 M は $F(M) = 1/2$ となることにも留意されたい.

第 8 章

8.1◆ 期待値は,α について 1 階微分をとり,$\alpha = 1$ にすることで,つぎのように求められる.
$$\frac{d}{d\alpha} E[\alpha^X]\bigg|_{\alpha=1} = \sum_{k=1}^{n} \{{}_n\mathrm{C}_k\, p^k (1-p)^{n-k} k\} = E[X]$$

このとき,
$$\frac{d}{d\alpha}[\{\alpha p + (1-p)\}^n]\bigg|_{\alpha=1} = np$$

なので,つぎのようになる.
$$E[X] = np$$

分散については,
$$\frac{d^2}{d\alpha^2} E[\alpha^X]\bigg|_{\alpha=1} = E[X(X-1)] = E[X^2] - E[X]$$

となることと,

$$\left.\frac{d^2}{d\alpha^2}[\{\alpha p + (1-p)\}^n]\right|_{\alpha=1} = n(n-1)p^2$$

を用いる．分散はこれらの情報と上記で求めた平均から

$$V[X] = E[X^2] - (E[X])^2 = \{n(n-1)p^2 + np\} - (np)^2 = np(1-p)$$

と求められる．

8.2◆ 指数分布の確率密度関数は

$$f(x) = \begin{cases} \lambda e^{-\lambda x} & (x \geq 0) \\ 0 & (x < 0) \end{cases}$$

であるので，これを用いて，定義にそって期待値を計算する．

$$E[X] = \int_{-\infty}^{\infty} x f(x) \, dx = \int_0^{\infty} x \lambda e^{-\lambda x} \, dx = \lambda \int_0^{\infty} x e^{-\lambda x} \, dx$$

ここで，母関数について行うのと同様に，λ での微分を使うことで積分を計算する．

$$E[X] = \lambda \int_0^{\infty} x e^{-\lambda x} \, dx = (-1) \lambda \frac{d}{d\lambda} \int_0^{\infty} e^{-\lambda x} \, dx = -\lambda \frac{d}{d\lambda} \frac{1}{\lambda} = \frac{1}{\lambda}$$

よって，$E[X] = 1/\lambda$ である．これは章末問題 7.3 で求めた中央値 $M = (\ln 2)/\lambda$ とは一致しない．

分散についても同様に，定義に従って，$E[X^2]$ の計算を λ での 2 階微分を使うことで求められる．

$$E[X^2] = \lambda \int_0^{\infty} x^2 e^{-\lambda x} \, dx = \frac{2}{\lambda^2}$$

これを用いると，

$$V[X] = E[X^2] - (E[X])^2 = \frac{1}{\lambda^2}$$

8.3◆ ポアソン分布

$$P(X = x) = e^{-\lambda} \frac{\lambda^x}{x!} \quad (x = 0, 1, 2, \dots)$$

において，定義にそって期待値を計算する．

$$E[X] = \sum_{x=0}^{\infty} x e^{-\lambda} \frac{\lambda^x}{x!} = \sum_{x=1}^{\infty} e^{-\lambda} \frac{\lambda^x}{(x-1)!} = \lambda \sum_{x=1}^{\infty} e^{-\lambda} \frac{\lambda^{x-1}}{(x-1)!} = \lambda \sum_{x=0}^{\infty} e^{-\lambda} \frac{\lambda^x}{x!} = \lambda$$

ここでは，すべての変数の確率の和が 1 になる

$$\sum_{x=0}^{\infty} P(X = x) = \sum_{x=0}^{\infty} e^{-\lambda} \frac{\lambda^x}{x!} = 1$$

を用いた．$E[X^2]$ についても同様に計算すると，つぎのようになる．

$$E[X^2] = \sum_{x=0}^{\infty} x^2 e^{-\lambda} \frac{\lambda^x}{x!} = \lambda \sum_{x=1}^{\infty} x e^{-\lambda} \frac{\lambda^{x-1}}{(x-1)!} = \lambda \sum_{x=0}^{\infty} (x+1) e^{-\lambda} \frac{\lambda^x}{(x-1)!}$$
$$= \lambda \left(\lambda \sum_{x=0}^{\infty} e^{-\lambda} \frac{\lambda^x}{x!} + 1 \right) = \lambda(\lambda + 1)$$

よって，分散は

$$V[X] = E[X^2] - (E[X])^2 = \lambda$$

となる．ポアソン分布では，平均と分散が同じという特徴をもつことに注意されたい．

第9章

9.1◆ 例題 9.7 で Y を条件とした計算と，同様の計算を行う．結果は下記となる．

$$P(Y = +1|X = +1) = \frac{7}{15}, \quad P(Y = +1|X = -1) = \frac{2}{5}$$
$$P(Y = -1|X = +1) = \frac{8}{15}, \quad P(Y = -1|X = -1) = \frac{3}{5}$$

したがって，

$$E[Y|X = +1] = (+1) \times \frac{7}{15} + (-1) \times \frac{8}{15} = -\frac{1}{15}$$
$$E[Y|X = -1] = (+1) \times \frac{2}{5} + (-1) \times \frac{3}{5} = -\frac{1}{5}$$

となる．$E[Y|X]$ は $\{-1/15, -1/5\}$ の二値を，それぞれ $3/4, 1/4$ の確率でとる確率変数である．この期待値は

$$E_X[E[Y|X]] = \frac{3}{4} \times \left(-\frac{1}{15}\right) + \frac{1}{4} \times \left(-\frac{1}{5}\right) = -\frac{1}{10}$$

となり，例題 9.1 で求めた $E[Y]$ の値と一致する．

9.2◆ 対称性と X, Y が同じ確率分布をもつことより，

$$E[X|X+Y] = E[Y|X+Y]$$

が成り立ち，

$$E[2X|X+Y] = 2E[X|X+Y]$$
$$= E[X|X+Y] + E[Y|X+Y]$$
$$= E[X+Y|X+Y] = X+Y$$

となる．

$2X$ は Y の変数ではないにもかかわらず，結果は Y を含んでいることに注意されたい．

9.3◆ 本文と同様に，定義にそって計算する．なお，この問題では X, Y は独立な確率変数になっている点が重要で，これを用いると，計算はかなり簡単になる（たとえば，$E[XY] = E[X]E[Y]$ など）．下記に結果を示すので，独立性の意味を感じながら確認してほしい．

(1) $E[X] = -\dfrac{1}{2}$, $E[Y] = -\dfrac{1}{5}$, $E[X+Y] = -\dfrac{7}{10}$,

$E[XY] = E[X]E[Y] = \dfrac{1}{10}$

(2) $V[X] = \dfrac{3}{4}$, $V[Y] = \dfrac{24}{25}$, $V[X+Y] = \dfrac{171}{100}$,

$Cov[X, Y] = \dfrac{1}{2}\{V[X+Y] - (V[X]+V[Y])\} = 0$, $\rho_{XY} = 0$

(3) $E[X|Y=+1] = -\dfrac{1}{2} = E[X]$, $E[X|Y=-1] = -\dfrac{1}{2} = E[X]$

つまり，独立性の性質より，$E[X|Y] = E[X] = -1/2$ である．見方を変えると，$E[X|Y]$ は確率 1 で $-1/2$ をとる確率変数である．

第 10 章

10.1◆ 平均 m, 分散 σ^2 の正規分布 $N(m, \sigma^2)$ に従う確率変数の確率密度関数は

$$f(x) = \dfrac{1}{\sqrt{2\pi\sigma^2}} \exp\left\{-\dfrac{(x-m)^2}{2\sigma^2}\right\}$$

で与えられるので，定義に従って特性関数を計算する．

$$\begin{aligned}
\phi(t) &= \dfrac{1}{\sqrt{2\pi\sigma^2}} \int_{-\infty}^{+\infty} \exp(itx) \exp\left\{-\dfrac{(x-m)^2}{2\sigma^2}\right\} dx \\
&= \dfrac{1}{\sqrt{2\pi\sigma^2}} \exp\left(imt - \dfrac{t^2\sigma^2}{2}\right) \int_{-\infty}^{+\infty} \exp\left[\dfrac{-\{x-(m+it\sigma^2)\}^2}{2\sigma^2}\right] dx \\
&= \dfrac{1}{\sqrt{2\pi\sigma^2}} \exp\left(imt - \dfrac{t^2\sigma^2}{2}\right) \left(\sqrt{2\sigma^2} \int_{-\infty}^{+\infty} e^{-z^2} dz\right) \quad \left(z = \dfrac{x-(m+it\sigma^2)}{\sqrt{2\sigma^2}}\right) \\
&= \exp\left(imt - \dfrac{t^2\sigma^2}{2}\right)
\end{aligned}$$

（この積分計算では $\int_{-\infty}^{+\infty} \exp(-z^2) dz = \sqrt{\pi}$ を活用する．）

モーメント母関数は，特性関数で $it = s$ とおけば，下記のように求められる．

$$M(s) = \exp\left(ms + \dfrac{s^2\sigma^2}{2}\right)$$

さらに，キュムラント母関数は定義により，以下で与えられる．

$$C(s) = \ln[M(s)] = ms + \dfrac{s^2\sigma^2}{2}$$

つぎに，まずキュムラントを求める．s の 2 次関数であるので，微分して，$s = 0$ とすると，問題の設定のように，平均と分散が 1 次，2 次のキュムラントとなり，より高次のキュムラントは 0 である．

$$\kappa_1 = m, \quad \kappa_2 = \sigma^2, \quad \kappa_3 = 0, \quad \kappa_4 = 0$$

モーメントについては，上記のキュムラントから，関係式を用いてもよいし，モーメント母関数を微分して求めてもよいが，下記となる．

$$\mu_1 = m, \quad \mu_2 = \sigma^2 + m^2, \quad \mu_3 = 3m\sigma^2 + m^3, \quad \mu_4 = 3\sigma^4 + 6m^2\sigma^2 + m^4$$

10.2◆ 例題 10.2 を参考にすると，二項分布 $B_i(m,p), B_i(n,p)$ の特性関数はそれぞれ

$$\{e^{it}p + (1-p)\}^m, \quad \{e^{it}p + (1-p)\}^n$$

であり，独立な確率変数の和の特性関数は，上記の積となるので，

$$\{e^{it}p + (1-p)\}^{m+n}$$

として得られ，これはまさに $B_i(m+n,p)$ の特性関数である．したがって，二項分布は再生的である．

10.3◆ 指数分布に従う確率変数の特性関数は，例題 10.1 で示したように，以下で与えられる．

$$\phi(t) = \frac{\lambda}{\lambda - it}$$

よって，二つの異なる平均の指数分布に従う独立な確率変数の和の特性関数は，以下の積で表される．

$$\phi_1(t)\phi_2(t) = \frac{\lambda_1}{\lambda_1 - it} \frac{\lambda_2}{\lambda_2 - it}$$

この右辺を式変形しても，指数分布に従う確率変数の特性関数の形にはならないので，指数分布は再生的でない．なお，例題 7.9 では同じ問題を確率密度関数の畳み込みを用いて示したが，特性関数を使うほうが簡単である．

第11章

11.1◆(1) Z_n の平均は，それぞれの X_k の平均が同一で，$1/\lambda$ であるので，下記のようになる．

$$E[Z_n] = \frac{\lambda}{\sqrt{n}} \sum_{k=1}^{n} E\left[X_k - \frac{1}{\lambda}\right] = 0$$

同様に，分散についても X_k が独立であり，同一の分散 $1/\lambda^2$ をもつこと，そして，分散の性質を使うと，

$$V[Z_n] = V\left[\frac{1}{\sqrt{n}} \sum_{k=1}^{n} (\lambda X_k - 1)\right] = \sum_{k=1}^{n} V\left[\frac{\lambda X_k - 1}{\sqrt{n}}\right] = \sum_{k=1}^{n} (\lambda^2) \frac{V[X_k]}{n} = 1$$

と求められる．つまり，Z_n は平均 0，分散 1 をもつ．

(2) $\phi_k(t)$ を $\frac{\lambda}{\sqrt{n}}\left(X_k - \frac{1}{\lambda}\right)$ の特性関数とすると，前章で述べた特性関数の性質より，

$$\phi_k(t) = \phi\left(\left(\frac{\lambda}{\sqrt{n}}\right)t\right)e^{-i\frac{1}{\sqrt{n}}t} = \frac{\lambda}{\lambda - i\frac{\lambda t}{\sqrt{n}}}e^{-i\frac{1}{\sqrt{n}}t}$$

となる．よって，独立確率変数の和である Z_n の特性関数 $\phi_{Z_n}(t)$ は上記の積であり，つぎのようになる．

$$\phi_{Z_n}(t) = \prod_{k=1}^n \phi_k(t) = \left(\frac{\lambda}{\lambda - i\frac{\lambda t}{\sqrt{n}}}e^{-i\frac{1}{\sqrt{n}}t}\right)^n = \left(\frac{1}{1 - i\frac{t}{\sqrt{n}}}\right)^n e^{-i\sqrt{n}t}$$

(3) 上記の結果を用いると，

$$\lim_{n\to\infty}\ln[\phi_{Z_n}(t)] = \lim_{n\to\infty}\ln\left[\left(\frac{1}{1-i\frac{t}{\sqrt{n}}}\right)^n e^{-i\sqrt{n}t}\right] = \lim_{n\to\infty}\left(n\ln\left[\frac{1}{1-i\frac{t}{\sqrt{n}}}\right] - i\sqrt{n}t\right)$$

となる．ここで，対数関数を t について級数展開すると，つぎが成り立つ．

$$\lim_{n\to\infty}\ln[\phi_{Z_n}(t)] = \lim_{n\to\infty}\left[-n\left\{-i\frac{t}{\sqrt{n}} - \frac{1}{2}\left(\frac{it}{\sqrt{n}}\right)^2 - \frac{1}{3}\left(\frac{it}{\sqrt{n}}\right)^3 - \ldots\right\} - i\sqrt{n}t\right]$$
$$= -\frac{t^2}{2}$$

これらをまとめると，n を大きくとったときの Z_n の特性関数は以下となる．

$$\phi_{Z_n}(t) \stackrel{n\to\infty}{\to} e^{-\frac{t^2}{2}}$$

$e^{-t^2/2}$ は，平均 0，分散 1 の正規分布 $N(0,1)$ に従う確率変数の特性関数と同じであるので，中心極限定理が成り立つことが示せた．

第 12 章

12.1◆ 図 12.4 の概念図を使って，鏡像原理を考える．点 A から点 B への道で横軸に接するか，横軸を横切る道を考えると，必ずそれが起きる最初の点 C が存在する．このとき，一つの点 A から点 C への道については，その「鏡像」（横軸に対して対称）の点 A′ から点 C への道が一つ対応する（つまり，1 対 1 対応である）．よって，点 A から点 C への道の本数と，点 A′ から点 C への道の本数は等しい．また，点 C から点 B へは道が共通であるので，結果として，点 A から点 B への道で横軸に接するか横軸を横切る道の総数は，点 A′ から点 B への道の総数に等しい．

12.2◆ 本文で行われた計算で途中のステップを下記に示す．

原点から (n,x) への正の道の本数は，$(1,1)$ から (n,x) への正の道の本数と等しいが，これを計算すると，以下となる．

$(1,1)$ から (n,x) への正の道の本数

$\quad = (1,1)$ から (n,x) へのすべての道の本数

$\quad\quad - (1,1)$ から (n,x) への横軸に接するか，横軸を横切るような道の本数

$$
\begin{aligned}
&= R(n-1, x-1) - R(n-1, x+1) \\
&= \binom{n-1}{\{(n-1)+(x-1)\}/2} - \binom{n-1}{\{(n-1)+(x+1)\}/2} \\
&= \frac{(n-1)!}{\left(\frac{n+x}{2}-1\right)!\left\{(n-1)-\left(\frac{n+x}{2}-1\right)\right\}!} - \frac{(n-1)!}{\left(\frac{n+x}{2}\right)!\left\{(n-1)-\left(\frac{n+x}{2}\right)\right\}!} \\
&= \frac{n!}{\left(\frac{n+x}{2}\right)!\left(\frac{n-x}{2}\right)!}\left(\frac{x+n}{2n}+\frac{x-n}{2n}\right) = \frac{x}{n}\binom{n}{(x+n)/2} = \frac{x}{n} R(n,x)
\end{aligned}
$$

12.3◆ 原点 $x=0$ から出発して，一度も戻らずに，$n=2m$ で初めて原点に戻る道の数を計算しよう．まず正の側を通る道を考えると，これは $(0,0)$ から $(2m-1,1)$ への正の道の数に等しい．また，負の側を通る道の数も対称性より同数であるので，よって，これは式 (12.3) を用いて

$$ 2 \times \frac{1}{2m-1} R(2m-1, 1) $$

である．これを全体の道の総数で割ってやり，$R(n,x)$ の定義を用いて計算すると $n=2m$ で初めて原点に戻る確率 f_{2m} が以下のように求まる．

$$ f_{2m} = \left(\frac{1}{2m}\right) \frac{(2m-2)!}{(n-1)!(n-1)!}\left(\frac{1}{2^{2m-2}}\right) = \left(\frac{1}{2m}\right) r_{2m-2} $$

一方，r_n の定義から

$$ r_{2m-2} - r_{2m} = \left(\frac{1}{2m}\right) r_{2m-2} \tag{1} $$

と計算できるので，求める式が得られる．

別のアプローチとしては，r_{2m-2} が，$n=2m-2$ まで（$2m-2$ も含めて）に一度も $x=0$ に戻らない確率であることをまず示す（計算はやや複雑だが，例題 12.4 の結果と整合する）．この確率は下記の二つの排反な事象の確率の和である．
 (i) $n=2m-2$ まで（$2m-2$ も含めて）に一度も $x=0$ に戻らないが，$2m$ では原点に戻る．
 (ii) $n=2m-2$ まで（$2m-2$ も含めて）に一度も $x=0$ に戻らず，$2m$ でも原点に戻らない．
しかし，これらは下記のようにいい換えられる．
 (i) $2m$ で初めて原点に戻る（その確率は f_{2m}）．
 (ii) $2m$ までに一度も原点に戻らない（その確率は r_{2m}）．
よって，
$$ r_{2m-2} = f_{2m} + r_{2m} $$
となり，求める式が得られる．

12.4◆ 原点から出発して，時刻 $2m$ に原点に戻るすべての道を考える．この道は長さ $2m$ であるが，これは時刻 $2k$ に初めて原点に戻る長さ $2k$ のすべての道と，時刻 $2m$ に原点に戻る

長さ $2m-2k$ のすべての道に分割できる．前者と後者は独立に起きるので，確率で考えると，これはそれぞれの確率の積 $f_{2k}r_{2m-2k}$ である．さらに，これらは異なる k においては排反であるので，時刻 $2m$ に原点に戻る確率は，k についての和として表される．その結果はつぎのようになる．

$$r_{2m} = \sum_{k=1}^{m} f_{2k}r_{2m-2k}$$

12.5 ◆ 本文において，$p \neq q$ の場合に得られた再帰関係より，$p = q = 1/2$ とおくことで，下記を得る．

$$e_k = 2 + e_{k-1}$$

これを $e_0 = 1$ の境界条件を使って，e_k について解くと，

$$e_k = 1 + 2k$$

となる．よって，平均時間 m_b は以下で与えられる．

$$m_b = \sum_{k=0}^{b-1} e_k = b^2$$

このように，対称の場合は，より単純な結果となることに留意されたい．

第13章

13.1 ◆ 証明の方針は，本文で示した例題 13.1 と同じで，n までの部分と，その後の $n+1$ に関する部分に切り分けるところにある．以下のように示せる．

$$\begin{aligned}
E[Q_{n+1}|X_1, X_2, \ldots, X_n] \\
&\equiv E[Q_{n+1}|\mathcal{F}_n] = E[(S_{n+1})^3 - 3(n+1)S_{n+1}|\mathcal{F}_n] \\
&= E[(S_n + X_{n+1})^3 - 3(n+1)(S_n + X_{n+1})|\mathcal{F}_n] \\
&= E[(S_n)^3 + 3(S_n)^2 X_{n+1} + 3S_n(X_{n+1})^2 + (X_{n+1})^3|\mathcal{F}_n] \\
&\quad - 3(n+1)E[S_n + X_{n+1}|\mathcal{F}_n] \\
&= E[(S_n)^3 + 3S_n|\mathcal{F}_n] - 3(n+1)E[S_n|\mathcal{F}_n] \\
&= (S_n)^3 + 3S_n - 3(n+1)S_n = (S_n)^3 - 3nS_n = Q_n
\end{aligned}$$

13.2 ◆ 本文で行われたのと同様の計算を行う．

$$\begin{aligned}
\frac{1}{X_n}&(Q_n - Q_{n-1}) \\
&= \frac{1}{X_n}[\{(S_n)^3 - 3nS_n\} - \{(S_{n-1})^3 - 3(n-1)S_{n-1}\}] \\
&= \frac{1}{X_n}[\{(S_{n-1} + X_n)^3 - 3n(S_{n-1} + X_n)\} - \{(S_{n-1})^3 - 3(n-1)S_{n-1}\}] \\
&= \frac{1}{X_n}[3X_n(S_{n-1})^2 + 3\{(X_n)^2 - 1\}S_{n-1} + (X_n)^3 - 3nX_n] \\
&= \frac{1}{X_n}\{3X_n(S_{n-1})^2 + X_n - 3nX_n\} = 3(S_{n-1})^2 - 3(n-1) - 2
\end{aligned}$$

これより，次式を得る．
$$Q_n - Q_{n-1} = \{3(S_{n-1})^2 - 3(n-1) - 2\}X_n$$
さらに，$Q_0 = 0$ $(S_0 = 0, n = 0)$ を用いると，ストラテジーとして
$$f_i(X_1, X_2, \ldots, X_{i-1}) = 3(S_{i-1})^2 - 3(i-1) - 2$$
ととれば，Q_n は
$$Q_n = \sum_{i=1}^n f_i X_i = \sum_{i=1}^n \{3(S_{i-1})^2 - 3(i-1) - 2\}X_i$$
として表現できる．

13.3◆ 例題 13.3 にそって計算する．$f(x) = x^2$ とすると，
$$(S_n)^2 - (S_0)^2$$
$$= \sum_{i=0}^{n-1} \frac{1}{2}\{(S_i+1)^2 - (S_i-1)^2\}(S_{i+1} - S_i) + \sum_{i=0}^{n-1} \frac{1}{2}\{(S_i+1)^2 - 2(S_i)^2 + (S_i-1)^2\}$$
$$= \sum_{i=0}^{n-1} (2S_i X_{i+1}) + \sum_{i=0}^{n-1} 1$$

これより，$S_0 = 0$ なので，
$$Q_n = (S_n)^2 = M_n + A_n, \quad M_n = 2\sum_{i=0}^{n-1} S_i X_{i+1}, \quad A_n = \sum_{i=0}^{n-1} 1 = n$$

として分解できる．

第 14 章

14.1◆ この性質は，$X \sim N(0, \sigma^2)$ のモーメント母関数は
$$E[e^{sX}] = e^{\frac{1}{2}\sigma^2 s^2}$$
であり，$V[W_T - W_t] = T - t$，$V[W_t] = t$ となることを活用することで，以下のように導出できる．
$$E[e^{\alpha W_t + \beta W_T}] = E[e^{(\alpha+\beta)W_t + \beta(W_T - W_t)}] = E[e^{(\alpha+\beta)W_t}]E[e^{\beta(W_T - W_t)}]$$
$$= e^{\frac{1}{2}(\alpha+\beta)^2 t} e^{\frac{1}{2}\beta^2(T-t)}$$

14.2◆ 例題 14.3 で $(W_t)^2 - t$ が $\mathcal{F}_t$ マルチンゲールであることを示したのと同じ方針でとりくむ．$t > u$ として，u までの部分と u より後の部分とに t を切り分けることで，下記のように示すことができる．
$$E[(W_t)^3 - 3tW_t | \mathcal{F}_u]$$
$$= E[(W_t + W_u - W_u)^3 | \mathcal{F}_u] - 3tE[W_t + W_u - W_u | \mathcal{F}_u]$$
$$= E[(W_u)^3 + 3(W_u)^2(W_t - W_u) + 3W_u(W_t - W_u)^2 + (W_t - W_u)^3 | \mathcal{F}_u]$$

$$
\begin{aligned}
&\quad - 3tE[(W_t - W_u) + W_u | \mathcal{F}_u] \\
&= (W_u)^3 + 3(W_u)^2 E[(W_t - W_u)|\mathcal{F}_u] + 3W_u E[(W_t - W_u)^2|\mathcal{F}_u] \\
&\quad + E[(W_t - W_u)^3|\mathcal{F}_u] - 3tE[(W_t - W_u)|\mathcal{F}_u] - 3tW_u \\
&= (W_u)^3 + 3W_u(t-u) - 3tW_u = (W_u)^3 - 3uW_u
\end{aligned}
$$

これは,$Q_n = (S_n)^3 - 3nS_n$ が,$X_1, X_2, \ldots, X_n$ に関してマルチンゲールであることに対応している.

第15章

15.1◆ $R(t) = (W(t))^3$ すなわち,$g(x) = x^3$ として,伊藤の微分公式で微分形を計算する.

$$
\begin{aligned}
dR(t) &= 3(W(t))^2 \, dW + \frac{1}{2} \cdot 6W(t)(dW)^2 \\
&= 3(W(t))^2 \, dW + 3W(t)(dW)^2 \\
&= 3(W(t))^2 \, dW + 3W(t) \, dt
\end{aligned}
$$

15.2◆ $R(t) = (W(t))^3 - 3tW(t)$ すなわち,$g(x) = x^3 - 3tx$ として,伊藤の微分公式で微分形を計算する.

$$
\begin{aligned}
dR(t) &= -3W(t) \, dt + \{3(W(t))^2 - 3t\} \, dW + \frac{1}{2} \cdot 6W(t)(dW)^2 \\
&= -3W(t) \, dt + \{3(W(t))^2 - 3t\} \, dW + 3W(t) \, dt \\
&= \{3(W(t))^2 - 3t\} \, dW
\end{aligned}
$$

15.3◆ $R(t) = (W(t))^3$ については,積分形では,

$$
R(t) = (W(t))^3 = 3\int_0^t W(s) \, ds + 3\int_0^t (W(t))^2 \, dW(s)
$$

となる.同様に,$R(t) = (W(t))^3 - 3tW(t)$ については,

$$
R(t) = (W(t))^3 - 3tW(t) = \int_0^t \{3(W(t))^2 - 3t\} \, dW
$$

となる.この二つを比べると,後者はマルチンゲールであり,dW に関する積分のみで記述することが可能である.しかし,前者はマルチンゲールではないので,時間 ds に関する積分の項も存在する.また,後者はランダムウォークで出てきた $(S_n)^3 - 3nS_n$ のマルチンゲール表現定理を用いた形の類似である(少し形が違うようにみえるが,式変形できるので考えてみてほしい).

第16章

16.1◆ 帰納法で解くことができる.

まず，$t=1$ のときに，$\hat{M} = \begin{pmatrix} 1-p & q \\ p & 1-q \end{pmatrix}$ を確認する．$t = k\,(>1)$ において，

$$\hat{M}^k = \frac{1}{p+q} \begin{pmatrix} q & q \\ p & p \end{pmatrix} + \frac{(1-p-q)^k}{p+q} \begin{pmatrix} p & -q \\ -p & q \end{pmatrix}$$

であると仮定する．続いて，少し煩雑になるが，

$$\hat{M}^{k+1} = \hat{M}\hat{M}^k$$

の行列の掛け算をして，

$$\hat{M}^{k+1} = \frac{1}{p+q} \begin{pmatrix} q & q \\ p & p \end{pmatrix} + \frac{(1-p-q)^{k+1}}{p+q} \begin{pmatrix} p & -q \\ -p & q \end{pmatrix}$$

となることを確認することで，帰納法による証明が成立する．なお，別の方法については，文献 [22] を参照されたい．

16.2◆ この問題ではワンステップ過程として，状態 n と，その両隣の状態 $n-1, n+1$ の確率のやりとりを考える．図 16.7 を参照されたい．一般のワンステップ過程

$$\frac{\partial}{\partial t} P_n(t) = r_{n+1} P_{n+1}(t) + g_{n-1} P_{n-1}(t) - (r_n + g_n) P_n(t)$$

において，「発生率」$g_n = \alpha$ と「消滅率」$r_n = \beta$ であるので，求めるマスター方程式は以下となる．

$$\frac{\partial}{\partial t} P_n(t) = \beta P_{n+1}(t) + \alpha P_{n-1}(t) - (\beta + \alpha) P_n(t)$$

また，n の平均の時間変化式は，本文の放射性崩壊の例と同じ手順で，このマスター方程式の両辺に n を掛けて和をとると，

$$\frac{\partial}{\partial t} \langle n(t) \rangle = \alpha - \beta$$

となる．この式は，発生率と消滅率の差によって将来の n の変化の増減が決まるという，物理的に自然な式となっている．また，その変化率は一定で，n は時間に対して線形に変化する．

16.3◆ 上記の章末問題 16.2 と同様に考えていく．今度は「出生率」$g_n = \alpha n$ と「死亡率」$r_n = \beta n$ であるので，求めるマスター方程式は以下となる．

$$\frac{\partial}{\partial t} P_n(t) = \beta(n+1) P_{n+1}(t) + \alpha(n-1) P_{n-1}(t) - (\beta + \alpha) n P_n(t)$$

また，n の平均の時間変化式も同様の手順で行うと，結果として

$$\frac{\partial}{\partial t} \langle n(t) \rangle = (\alpha - \beta) \langle n(t) \rangle$$

を得る．こちらの式も，出生率と死亡率の差によって将来の n の変化の増減が決まるという式となっている．しかし，その変化率は一定ではなく n に比例し，その結果，n は時間に対して指数的に変化する．

第17章

17.1◆ まず，どちらの箱のなかにある玉が選ばれるかを考える．すべての玉が選ばれる確率は等しいので，

$$\oplus \text{の箱が選ばれる確率}: \frac{n_+}{N}, \quad \ominus \text{の箱が選ばれる確率}: \frac{n_-}{N}$$

となる．ここで，もし $\oplus$ の箱の玉が選ばれれば，$\ominus$ の箱の玉が増加するので，x は減少となる．逆に，$\ominus$ の箱の玉が選ばれれば，x は増加となる．これを勘案すれば，単純ランダムウォークと同様の議論で，上記の二つの確率で x が ± 2 となるので，

$$P(x, t+1) = \frac{n_-}{N} P(x-2, t) + \frac{n_+}{N} P(x+2, t)$$

となる．ただし，n_+, n_- は x に依存し，

$$n_+(x) = \frac{N+x}{2}, \quad n_-(x) = \frac{N-x}{2}$$

である．よって，

$$n_+(x+2) = \frac{N+(x+2)}{2}, \quad n_-(x-2) = \frac{N-(x-2)}{2}$$

となり，これらを代入して整理すると，マスター方程式として以下を得る．

$$P(x, t+1) = \frac{1}{2}\left(1 - \frac{x-2}{N}\right)P(x-2, t) + \frac{1}{2}\left(1 + \frac{x+2}{N}\right)P(x+2, t)$$

17.2◆ 玉の数の差 x をランダムウォークの位置と考えると，この変数のとる値の範囲から，$-N \leq x \leq N$ である．よって，制限的ランダムウォークであることがわかる．

両端の値は，どちらかの箱が空になることに対応するが，そのつぎのステップでは，必ず空でない箱から一つが選ばれ空の箱に移される．よって，これらは反射壁である．また，上記の章末問題 17.1 でみたように，各時刻で $x \pm 2$ のステップをとる確率は，位置 x に依存する．

よって，このモデルは，移動の確率が位置に依存する，両端が反射壁の制限的ランダムウォークであるといえる．

17.3◆ x の平均 $\langle x(t) \rangle$ について，例題 17.3 のように，マスター方程式の両辺に x を掛けて，和をとる計算をして整理すると，以下の式が得られる．

$$\langle x(t+1) \rangle = \left(1 - \frac{2}{N}\right)\langle x(t) \rangle$$

これは，初期の値によらずに，t が大きくなればだんだん 0 に近づいていく変化を示す式である．よって，左右の玉の数は，大体同じになるように時間とともに変化していく．これは，仕切りの壁に穴が開いているような箱のなかの気体の分子などが，偏りなく両方の箱に存在する状態に向かう（熱力学的な平衡状態に向かう）状況を確率的にモデル化しているといえる．また，これがこのモデルを考案したエレンフェストの意図であったとされる．

参考文献

[1] 伊藤清：確率論 I, II, III, 岩波書店, 1978.
[2] 伊藤雄二：確率論, 朝倉書店, 2002.
[3] G. H. Weiss: Aspects and Applications of the Random Walk, North-Holland, 1994.
[4] 大平徹：ノイズと遅れの数理, 共立出版, 2006.
[5] 大平徹：「ゆらぎ」と「遅れ」―不確実さの数理学, 新潮社, 2015.
[6] C. W. Gardiner: Handbook of Stochastic Methods for Physics, Chemistry and the Natural Sciences 2nd ed., Springer, 1985.
[7] A. コルモゴロフ, I. ジュルベンコ, A. プロホロフ（丸山哲郎, 馬場良和 訳）：コルモゴロフの確率論入門, 森北出版, 2003.
[8] R. Stratonovich: Topics in the Theory of Random Noise, Gordon and Breach, 1963.
[9] N. G. van Kampen: Stochastic Processes in Physics and Chemistry, North-Holland, 1992.
[10] 飛田武幸：ブラウン運動, 岩波書店, 1975.
[11] W. フェラー（河田龍夫 監訳）：確率論とその応用, 紀伊國屋書店, 1960.
[12] 藤田岳彦：ランダム・ウォークと確率解析―ギャンブルから数理ファイナンスへ, 日本評論社, 2008.
[13] G. ブロム, L. ホルスト, D. サンデル（森真 訳）：確率問題ゼミ―コイン投げからランダム・ウォークまで, シュプリンガー・フェアラーク東京, 1995.
[14] 松原望：入門確率過程, 東京図書, 2003.
[15] 松原望：入門ベイズ統計―意思決定の理論と発展, 東京図書, 2008.
[16] J. Milton, T. Ohira: Mathematics as a Laboratory Tool, Dynamics, Delays and Noise, Springer, 2014.
[17] 柳瀬眞一郎：確率と確率過程―具体例で学ぶ確率論の考え方, 森北出版, 2015.
[18] 吉田伸生：確率の基礎から統計へ, 遊星社, 2012.
[19] H. Risken: The Fokker–Planck Equation 2nd ed., Springer, 1996.
[20] 和達三樹, 十河清：キーポイント確率・統計, 岩波書店, 1993.
[21] 渡辺澄夫, 村田昇：確率と統計―情報学への架橋, コロナ社, 2005.
[22] 渡部隆一：マルコフ・チェーン, 共立出版, 1979.

おわりに

　冒頭に述べたように，本書では，確率論の初学者向け学習書として，数学の教科書よりは専門外の方にも親しめるように，そして一般向けよりは少し踏み込んだ記述に努めた．その目的が果たされているかどうかは，読者のご判断を仰ぎたい．また，数学が専門の読者からは，筆者の力量不足からくる数学的に粗いところについては，ご海容いただければ幸甚である．

　どの分野でも同様だが，少し専門性の入った本を開けば，目次に並ぶ専門用語だけで臆してしまうこともある．本書でも，ランダムウォーク，マルチンゲール，確率積分，マルコフ過程などの単語が並んでいる．しかし，少なくとも初歩の部分においては，これらは中身をみると「コイン投げの確率」から組み立てることができる．筆者自身も，研究者になってからも，確率積分などは怖くて難しくてという感じであったが，本書でも繰り返し述べた「分散が時間に比例する」という確率過程の「肝」の部分がぼんやりとでも感じられてからは，少し恐怖感は消えた．また，式を眺めるだけでなく実際に値を入れてみると「意外な」数値が出てくることは，この分野を学ぶにあたっての楽しさの根源として，今日まで続いている．これから確率を学ぼうという読者の方々にも，「安心感」と「楽しさ」を少しでも感じていただければ幸いである．

　本書の執筆は，平成 26 年秋より平成 28 年春にかけて行い，おおはぎ内科・おおはぎ眼科（和歌山県橋本市），エヌティーエンジニアリング株式会社（愛知県高浜市）からの研究助成が支援となった．ここにお礼申し上げる．森北出版の上村紗帆氏には企画の提案段階から，田中芳実氏には編集において，さまざまにお世話をいただき感謝申し上げる．また，2016 年度の名古屋大学での少人数ゼミに参加していた，小池将弥，杉下滉紀，竹内健悟，竹内友紀乃，藤本勇希，三浦友哉の学生諸君には原稿のチェックをしていただいたことに謝意を表したい．

索　引

◆英数字
$\mathcal{F}_t$ マルチンゲール　134
p 次平均収束　89

◆あ　行
一様分布　51
一様マルコフチェーン　144
伊藤過程　136
伊藤の公式　134
伊藤の微分公式　137
ウィーナー過程　126
エレンフェストの壺　167
オルシュタイン–ウーレンベック過程　160

◆か　行
概収束　88
ガウス型　52
ガウス積分　168
ガウス白色ノイズ　160
ガウス分布　52
拡散方程式　164
確率過程　118
確率収束　89
確率積分　132
確率的な独立　26
確率微分方程式　139
確率分布　41
確率変数　38
確率密度関数　41
規格化　64
幾何ブラウン運動　139, 141
期待値　62, 68
逆正弦定理　110, 113
既約なマルコフチェーン　146
吸収壁　115
キュムラント　85
キュムラント母関数　85
鏡像原理　104

共分散　70
共分散行列　73
組合せ　6
原点への復帰　107
公正な賭け　118, 121, 133
コーシー分布　91
根元事象　1

◆さ　行
再生的な確率分布　60
最尤推定　14
しきい値関数　45
事象　1
指数分布　53
重複組合せ　7
重複順列　6
自由ブラウン運動　159
周辺確率密度関数　55
順列　5
条件付き確率　16
条件付き確率に対する加法定理　19, 20
条件付き期待値　74
状態確率ベクトル　145
初到達時間　105
推定　12, 14, 31
スターリングの公式　10
ストラテジー　120, 121, 133
正規分布　52
制限的ランダムウォーク　115
遷移確率　144
遷移確率行列　144
全確率の公式　21
戦略　120
相関係数　72

◆た　行
対称単純ランダムウォーク　102
大数の（弱）法則　90

多項係数　9
畳み込み　59
単純ランダムウォーク　100
チェビシェフの不等式　65
チャップマン－コルモゴロフの方程式　150
中央値　61
中心極限定理　88, 94, 95
超幾何分布　14
定常状態確率ベクトル　147
デルタ関数　43
同時確率　16
同時確率密度関数　55
投票の問題　105
ドゥーブ－メイヤー分解　123, 124, 138
特性関数　79
ド・モアブル－ラプラスの定理　53
ドリフト付きのブラウン運動　140
トレンド　125

◆な 行
二項係数　9
二項分布　47
ノイズ　140, 159

◆は 行
白色ノイズ　139
反射壁　115
標準正規分布　52
標準偏差　63
フォッカー－プランク方程式　165
ブラウン運動　126, 139, 160
ブラック－ショールズモデル　139
フーリエ変換　79, 168
分散　62, 70

平均　62
ベイズの定理　31, 34
ポアソンの定理　49
ポアソン分布　48
法則収束　89
母関数　64
ポリアの壺　23

◆ま 行
マスター方程式　150, 151
マルコフ過程　143
マルコフチェーン　144
マルコフの不等式　65, 66
マルチンゲール　118, 129
マルチンゲール表現定理　121, 134
道表現　103
モーメント　83
モーメント母関数　84

◆や 行
ゆらぎ　140, 159
揺動散逸定理　163

◆ら 行
ランジュバン方程式　160
ランダムウォーク　100
離散伊藤公式　122
累積分布関数　44
連結類　146
連続時間対称単純ランダムウォーク　156

◆わ 行
ワンステップ過程　155

著者略歴

大平 徹（おおひら・とおる）
1986 年　米国 Hamilton College（グルー基金奨学生，B.A.）卒業
1993 年　米国 The University of Chicago 博士課程修了
　　　　　民間企業を経て
2012 年　名古屋大学大学院多元数理科学研究科教授
　　　　　現在に至る
　　　　　Ph.D.（物理学）

編集担当　田中芳実（森北出版）
編集責任　上村紗帆・富井　晃（森北出版）
組　　版　藤原印刷
印　　刷　同
製　　本　同

確率論 講義ノート
場合の数から確率微分方程式まで　　　　　　　　Ⓒ 大平 徹　2017

2017 年 3 月 21 日　第 1 版第 1 刷発行　　【本書の無断転載を禁ず】
2022 年 8 月 22 日　第 1 版第 4 刷発行

著　者　　大平　徹
発 行 者　　森北博巳
発 行 所　　森北出版株式会社
　　　　　東京都千代田区富士見 1-4-11（〒102-0071）
　　　　　電話 03-3265-8341 ／ FAX 03-3264-8709
　　　　　https://www.morikita.co.jp/
　　　　　日本書籍出版協会・自然科学書協会　会員
　　　　　JCOPY <（一社）出版者著作権管理機構　委託出版物>

落丁・乱丁本はお取替えいたします．

Printed in Japan ／ ISBN978-4-627-07771-3